四川省科技计划项目

（编号：2024JDKP0140）

我们不可不知的消防知识

张达文　韩英　秦禾雨　主编

四川科学技术出版社

图书在版编目（CIP）数据

我们不可不知的消防知识 / 张达文, 韩英, 秦禾雨
主编. -- 成都：四川科学技术出版社, 2025.6.
ISBN 978-7-5727-1822-9

Ⅰ . TU998.1

中国国家版本馆CIP数据核字第20250LY166号

我们不可不知的消防知识
WOMEN BUKE BUZHI DE XIAOFANG ZHISHI

张达文　韩　英　秦禾雨　主编

出 品 人	程佳月
责任编辑	魏晓涵
助理编辑	杨小艳　余　昉
责任印制	欧晓春
出版发行	四川科学技术出版社
	成都市锦江区三色路238号 邮政编码 610023
	官方微信公众号：sckjcbs
	传真：028-86361756
成品尺寸	170 mm×240 mm
印　张	13.5
字　数	270千
制　作	成都华桐美术设计有限公司
印　刷	成都市金雅迪彩色印刷有限公司
版　次	2025年6月第1版
印　次	2025年6月第1次印刷
定　价	86.00元

ISBN 978-7-5727-1822-9

邮　购：成都市锦江区三色路238号新华之星A座25层　邮政编码：610023
电　话：028-86361770

■ 版权所有・翻印必究 ■

本书编委会

主　任

易维东　　卢昌伟

副主任

胡华明　　岳佳峰　　陈　强　　钟艳华　　柳　剑

主　编

张达文　　韩　英　　秦禾雨

副主编

肖绮思　　王　峥　　吴王东　　白　宁　　丁　珑　　卢柯宇

编　委

李存雨　　汪　杨　　张　登　　余德健　　杨　松　　王　康
廖　波　　邹　鹏　　龚啸吟　　杨家华　　胡小林　　魏楠林
罗文杰　　吴晓东　　胡余强　　蒋　海　　段正波

前 言

生命不可重来，消防知识我们不可不知

"火，善用之则为福，不善用之则为祸。"这是千百年来人类对火的基本认知。火，作为人类进化史上的一个重要转折点，带来了光明、温暖和烹饪的革新，促进了工业的进步。然而，火具有双重性，一旦失控，便可能带来灾难，造成无法挽回的伤害和损失。

翻开一份份火灾统计报告，我们会看到一个又一个触目惊心的数字。2018年至今，全国共发生火灾400余万起，造成超过2万人伤亡，直接财产损失超过400亿元。2018—2024年，全国共发生特大火灾4起，重大火灾19起，较大火灾517起，导致了大量人员伤亡和财产损失。2025年，河北省承德市隆化县某老年公寓、辽宁省辽阳市白塔区某中餐小馆相继发生火灾，共造成42人死亡。这些火灾大多数并非"天灾"，而是源于我们对法律规定的轻视、对消防知识的无知、对消防设施的忽视以及对日常隐患的麻痹。这些不起眼的小违规、小疏忽，在火灾面前往往演变成灾难。通过普及和宣传消防安全知识，可以提高全社会的消防意识，能有效防范火灾的发生，并将火灾隐患化解在基层，消除在萌芽状态。

随着经济的发展，我国消防安全隐患越来越复杂、形势越来越严峻。我国消防安全主要有以下几个特点：

第一，城市化的快速发展给消防工作带来极大压力。目前，中国城市化率已达65%。城市的本质是集中，城市人口和经济要素高度集中，超大规模

的单体建筑和超高层建筑林立，人员密集场所增多，呈现出火灾荷载大、扑救困难、蔓延迅速、逃生困难的特点，极易造成重大人员伤亡和财产损失。

第二，消防安全责任人重效益，轻管理，消防意识薄弱现象普遍存在。部分管理人员对消防设施的维护不到位，消防设施完好率不足，使得自动消防设施在发生火灾后难以发挥防灭火作用，从而容易造成人员伤亡和财产损失。

第三，发生火灾时，由于部分群众缺乏消防知识，常常采取错误的方法扑救初起火灾，导致火灾蔓延。又因为其缺乏正确逃生常识，常常采取错误的逃生方法，导致不必要的人员伤亡。

第四，随着社会经济的发展，人民群众的消防意识逐步提高，对增加消防知识的需求日益增长，对消防救援队伍的关注度持续上升。由于人民群众获取消防知识的渠道较少，对"同老百姓贴得最近、联系最紧的"消防救援队伍的了解趋于碎片化，因此以人民群众喜闻乐见的方式普及日常生活中与消防相关的知识，是十分迫切且有必要的。

本书立足于现实需要，以"贴近生活、通俗易懂、图文并茂、寓教于乐"为特色，面向广大城乡居民、基层消防安全管理者以及青少年等群体，系统且生动地讲解了与我们日常生活息息相关的消防知识和安全常识。

在本书的创作过程中，笔者深入社区、住宅、学校、商场、工厂、消防站等典型场所，拍摄了近200张实景照片，既有真实可见的消防设施展示，也有消防员日常工作训练的纪实画面，更有诸多鲜活案例中的灾情现场图。这些画面配合科学、严谨又不失趣味的文字内容，构成了一本"可读、可看、可学、可用"的实用型科普读物。本书主要有以下几个特点。

一、带你读懂"看得见"的消防设施

你是否注意过身边的灭火器压力是否正常？你是否知道各类建筑、场所的防火门在哪里？你是否了解家门口的室内消火栓是否有水？这一切，都是我们生活中"看得见"却常常"忽视了"的消防设施。

在本书第一章"我们身边的消防设施"中，笔者将带你走进居民小区、商场、学校、医院、影院等多种常见空间，讲解常见消防设施的功能、使用方法、保养要点及布置原则，让读者知道这些东西不是摆设，而是我们生命的守护者。

二、教会你"火场中的生存法则"

火灾来临时，电梯能不能坐？灭火器怎么用？楼道被堵时该怎样逃生？浓烟比火更致命，这是真的吗？

在第二章"当我们遇到火灾"中，笔者以真实案例切入，逐步引导读者理解发生火灾时的判断逻辑与逃生技巧，让读者能掌握基本的自救与互救方法。我们相信，知识可以拯救生命，并且冷静与正确的判断是逃生中的最大底气。

三、展现你未曾了解的消防队伍

在发生火灾的第一时间，总有人逆行而上，其中就有消防救援人员。本书第三章"'一专多能'的消防救援队伍"、第四章"门类齐全的消防救援装备"和第五章"我们不知道的消防员"从队伍构成、训练日常、装备配备、处置流程等多个维度，带领读者走近令人敬佩的消防队伍。

消防救援人员不仅灭火救人，更在地震、洪涝、车祸、危险化学品泄漏等诸多突发事件中奋不顾身。他们手中的每一件装备，都是与时间赛跑的利器；他们的每一次出警，都是与死神的博弈。他们的信念，值得我们了解与致敬。

四、告诉你"看不见"的消防责任

许多人认为，只要自己不玩火、不乱拉电线、不堵疏散通道，就算是"安全人群"了。然而，消防安全不仅涉及个人行为问题，更涉及制度管理、群体协作与法律规范。

第六章"我们身边的消防安全工作"聚焦社区、公司、学校等场所的日常消防管理机制，从消防检查、隐患排查、应急演练与责任落实等方面，让读者认识到消防安全管理并不是形式主义，而是对生命安全的严肃守护。

五、点醒我们"以为的小事"

最后一章"我们应该知道的消防法律常识"揭示了生活中许多常见却容

易被忽略的违法行为,例如占用疏散通道、电动自行车进楼充电、封堵逃生通道、擅自拆除烟感探头等。这些行为往往被误认为"无关紧要",实则潜藏巨大风险。

通过生动的案例、明确的法律条文、清晰的后果分析,笔者希望唤起读者的警觉与自律,让读者能成为消防法律的知晓者与遵守者。

《我们不可不知的消防知识》并不是一本"枯燥的安全读本",而是一部有温度、有故事、有场景、有情感的全民消防科普图书。笔者希望它能够走进千家万户,成为书桌边、办公室中、班级角落里的"生活小助手",在不知不觉中提升人们的消防素养。笔者更希望,通过这本书,能够在大家心中种下一颗"安全意识"的种子。在这颗种子成长的过程中,大家学会自我保护,也学会彼此守护。

没有什么比生命更珍贵。愿这本书成为我们共同守护生命、远离火灾的一道防线。让我们一起,从今天开始,做一个懂消防、讲安全、会自救的现代公民。

本书由四川省社会科学院与资阳市消防救援支队等单位组成的专家组共同完成。其中,张达文和韩英对本书进行了设计与策划,韩英负责统稿和全书文字修改。第一章由秦禾雨撰写,第二章由丁珑和卢柯宇共同撰写,第三章由吴王东撰写,第四章由王铮撰写,第五章由白宁撰写,第六章由肖绮思撰写,第七章由张达文撰写。

目 录

第一章 我们身边的消防设施

一、消防控制室——消防设施的控制中心 ……………………………… 002

二、火灾自动报警系统——探测报警和集中控制的消防设施 …………… 003

三、消火栓系统——人力灭火的主要武器 ……………………………… 007

四、自动喷水灭火系统——迅速反应、无须人工操作的多用途灭火系统 … 011

五、应急照明和疏散指示标志系统——指引方向、辅助逃生的消防设施 … 014

六、建筑防烟排烟系统——火灾烟气的克星 …………………………… 017

七、灭火器——操作简便、随取随用的灭火利器 ……………………… 021

八、防火分隔设施——常被忽略但作用巨大的消防设施 ……………… 025

九、其他消防系统 ………………………………………………………… 028

第二章 当我们遇到火灾

第一节 初起火灾扑救 …………………………………………………… 032

一、初起火灾扑救失败的案例 …………………………………………… 032

二、战斗前先了解什么是火灾 …………………………………………… 035

三、科学的灭火方法 ·· 036
　　四、把握最佳时机，消灭初起火灾 ·· 038
　　五、日常生活中我们应该怎么做 ·· 040
　　六、常见初起火灾扑救方法汇总 ·· 042

第二节　火灾自救与疏散逃生 ·· 045
　　一、火灾疏散逃生中的不安全行为 ·· 045
　　二、建筑防火条件对人员逃生自救的影响 ··································· 051
　　三、科学的逃生自救方法 ·· 052

第三章
"一专多能"的消防救援队伍

第一节　消防站概览 ·· 060

第二节　消防救援的"中枢大脑"——119作战指挥中心 ············ 064
　　一、消防接警调度篇 ··· 066
　　二、消防通信保障篇 ··· 069
　　三、消防全勤指挥部篇 ·· 071

第三节　消防救援三大职能 ·· 073
　　一、灭火救援篇 ··· 075
　　二、消防应急救援篇 ··· 077
　　三、消防社会救助篇 ··· 084

第四章
门类齐全的消防救援装备

第一节　消防车辆 ·· 088
　一、灭火类消防车 ·· 089
　二、举高类消防车 ·· 091
　三、专勤类消防车 ·· 093
　四、保障类消防车 ·· 096
　五、其他类消防车 ·· 098

第二节　消防员个人防护装备 ····························· 100
　一、基本防护装备 ·· 100
　二、特种防护装备 ·· 105

第三节　专业灭火装备 ···································· 110
　一、消防枪 ··· 111
　二、消防梯 ··· 113
　三、消防炮 ··· 114

第四节　抢险救援装备 ···································· 115
　一、侦检类装备 ·· 115
　二、警戒类装备 ·· 117
　三、救生类装备 ·· 118
　四、破拆类装备 ·· 119

第五节　其他消防装备 ········· 121
一、消防机器人 ········· 121
二、消防坦克 ········· 123
三、消防飞机 ········· 124
四、消防船艇 ········· 124

第五章 我们不知道的消防员

第一节　消防员的身份类别 ········· 128
一、国家综合性消防救援队队员 ········· 129
二、专职消防员 ········· 129

第二节　消防救援人员的职级衔级 ········· 130
一、管理指挥人员 ········· 131
二、专业技术人员 ········· 134
三、消防员 ········· 135

第三节　消防员的职务与岗位 ········· 137
一、消防员的职务 ········· 137
二、消防员的专业类别和岗位 ········· 138

第四节　消防员的一天 ········· 140

第五节　如何加入消防救援队伍 ··················· 148
一、如何成为国家综合性消防救援队伍消防员 ··············· 148
二、如何成为国家综合性消防救援队伍干部 ················· 149
三、如何成为政府专职消防员和消防文员 ··················· 151
四、企事业单位专职消防队伍 ······························· 151

第六章 我们身边的消防安全工作

第一节　消防安全管理 ······························· 154
一、消防安全责任人和消防安全管理人 ····················· 156
二、消防安全管理的实施 ··································· 157
三、单位消防安全管理重点工作 ····························· 158

第二节　生活中常见火灾隐患及处置办法 ··············· 160
一、生活中常见火灾隐患之火灾危险源 ····················· 161
二、生活中常见火灾隐患之消防设施器材 ··················· 167
三、生活中常见火灾隐患之日常消防安全管理 ··············· 172

第三节　社会消防行业从业人员的分类和职业特点 ········ 176
一、消防控制室值班人员 ··································· 176
二、消防技术服务从业人员 ································· 177
三、单位专职消防队、志愿消防队队员 ····················· 178

第七章
我们应该知道的消防法律常识

第一节　消防安全责任制度 ·· 180

一、政府统一领导 ··· 180

二、部门依法监督 ··· 181

三、单位全面负责 ··· 183

四、公民积极参与 ··· 183

第二节　常见的消防行政违法行为 ······························ 185

一、建筑、场所投入使用前的违法行为 ···························· 186

二、建筑、场所投入使用后，单位或个人不履行相关消防职责所涉及的违法行为 ··· 189

三、违反相关消防禁令及发生火灾时不依法履职的违法行为 ········ 192

四、违反《中华人民共和国治安管理处罚法》与公共消防安全秩序的相关违法行为 ··· 194

五、其他违法行为 ··· 194

第三节　如何办理消防行政许可及验收备案 ················ 195

第一章 我们身边的消防设施

在建筑中，有许许多多的消防设施，它们的功能强大、形式各异：有的可以灭火、控火，有的可以探测火灾，有的可以在发生火灾时发出警报，有的可以防止火焰和烟气蔓延，有的还可以辅助逃生疏散。当发生火灾时，这些消防设施就像训练有素的消防员一样，各司其职，协同配合，共同与火灾进行战斗。在这一章里，就让我们一起来认识身边常见的消防设施吧！

一、消防控制室——消防设施的控制中心

在一定规模的建筑里，有一个重要房间，它就是**消防控制室**（如图1-1），一般设置在一楼或负一楼，其内部设有各类消防设施的控制设备。它的作用相当于消灭火灾的指挥部，可以接收、显示、处理火灾报警信号以及控制相关消防设施动作。

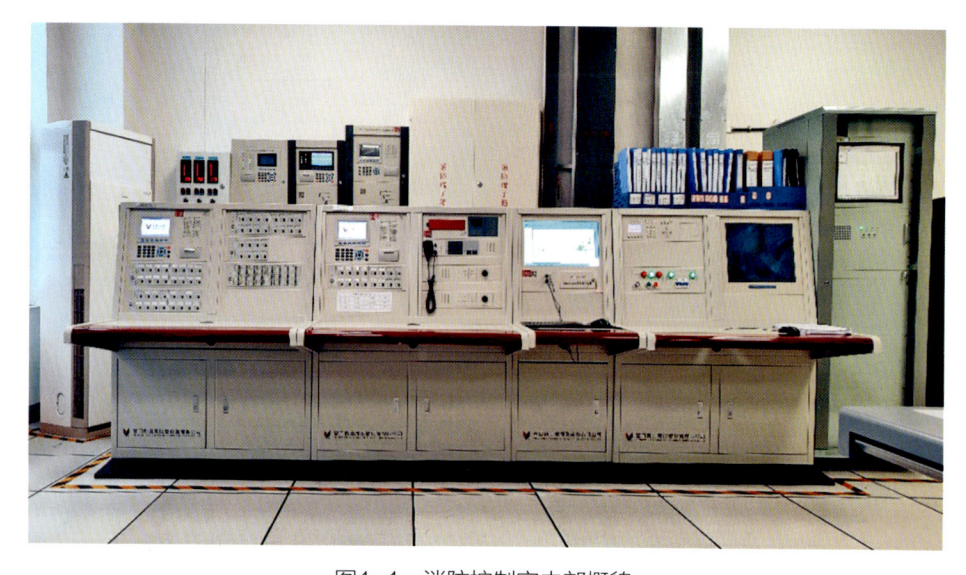

图1-1 消防控制室内部概貌

第一章 | 我们身边的消防设施

由于消防控制室的特殊性和重要性，它实行**24小时人员值班制度**。一旦发现火灾，值班人员要立即确认火灾位置，并按照操作规程确保消防设施可以正常工作。

消防小问答：任何人都可以做消防控制室值班人员的工作吗？

答：不能。由于消防控制室值班人员工作的特殊性，值班人员需要通过消防行业特有工种职业技能鉴定，持有中级及以上消防设施操作员职业资格证书的才可以从事此工作。

二、火灾自动报警系统——探测报警和集中控制的消防设施

火灾有很大的随机性，我们无法准确地预料它出现的时间和地点，有许多不起眼的小火灾往往因为无人发现而蔓延扩大，最后造成严重后果。为了解决这样的问题，人们发明了**火灾自动报警系统**，它最主要的功能是探测火灾早期特征，发出声光等火灾报警信号。除此之外，具有**联动功能**的火灾自动报警系统可以根据现场情况自动或者手动控制灭火设施、排烟设施、供水设施等消防设施。火灾自动报警系统不仅仅是火灾一线的"侦察兵"，更是消防设施的"指挥官"。

火灾自动报警系统是如何工作的呢？ 发生火灾时，火灾自动报警系统中的火灾探测器在探测到烟雾、高温等火灾特征后，立即向控制器发出火灾报警信号，此时建筑内所有的声光警报器、消防广播扬声器开始工作，通过声、光提示人们发生火灾，实现自动报警。消防控制室会根据收到的火灾报警信号，确认火灾位置，控制对应的消防设施投入工作，比如打开着火区域的排烟口，切断非消防电源，降下着火区域的防火卷帘等，从而实现火灾自

动报警系统的联动控制。

火灾自动报警系统由哪些组件组成呢？ 火灾自动报警系统一般由控制器、火灾探测器、手动火灾报警按钮、声光警报器、消防广播、消防电话等组成，让我们一起来认识它们吧。

控制器

火灾自动报警系统中的控制器（如图1-2），又称"火灾报警控制器"或"消防联动控制器"。它是整个系统中最核心的组件，一般设置在消防控制室内或有人值班的场所。它的功能是通过接收火灾探测器、手动火灾报警按钮等发出的火灾报警信号，准确定位火灾信号发出的位置等信息。接收到火灾报警信号后，它还会根据设定的控制逻辑发出控制信号，条件反射般地控制各类消防设备实现相应功能，如启动声光警报器、播放消防广播、启动排烟设施、切断非消防电源等。

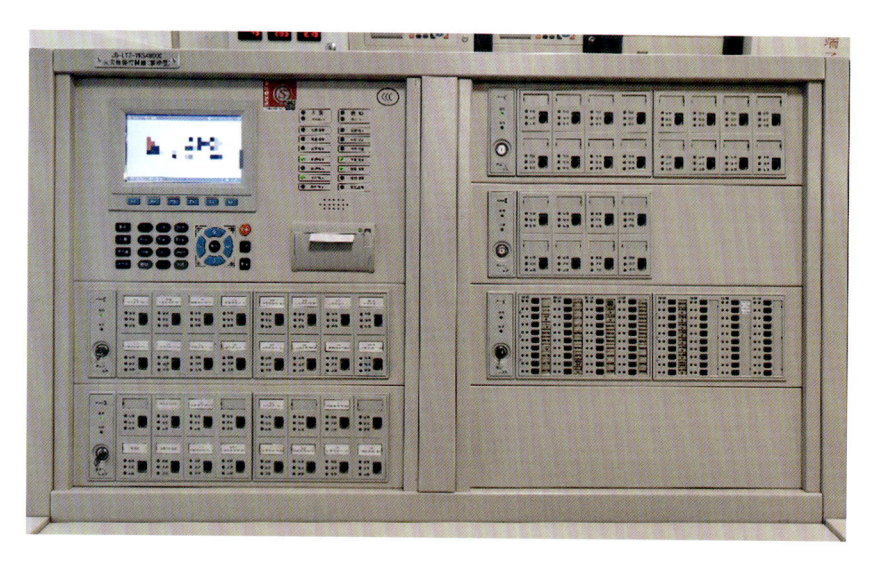

图1-2 控制器

火灾探测器

火灾探测器一般设置在建筑的房顶上方。火灾探测器的种类有很多，使用最广泛、最常见的是点型感烟火灾探测器（如图1-3），它是通过侦测烟气

第一章 | 我们身边的消防设施

的粒子来探测火灾的。除此之外，还有感温火灾探测器、火焰探测器、可燃气体探测器等，它们就像火灾自动报警系统的眼睛一样，分布在建筑的各个位置，随时观察着探测区域的情况。

手动火灾报警按钮

手动火灾报警按钮（如图1-4）一般设置在墙上居中位置，便于人们操作。当人们发现火灾后，即可手动按下手动火灾报警按钮，它会向控制器发出火灾报警信号，所以我们平时不能随意按下这个按钮，否则容易误报火警。

图1-3 点型感烟火灾探测器

图1-4 手动火灾报警按钮

声光警报器

声光警报器（如图1-5）一般设置在楼梯口、拐角等较明显位置的墙面上方，设置的高度一般是距地面2.2米以上。当发生火灾时，它会通过闪烁的灯光和发出较大的声响来提醒建筑内的人。

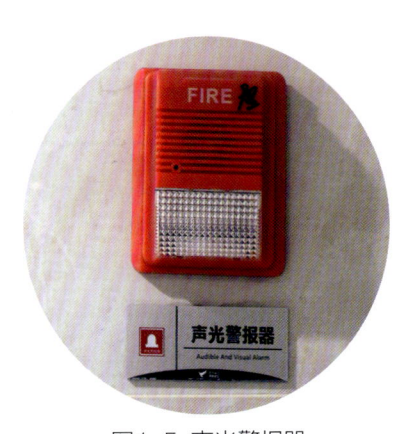

图1-5 声光警报器

消防广播

消防广播主机（如图1-6）设置在消防控制室内，它的扬声器会分布在建筑中各个区域，能对整个建筑进行无死角广播。一般消防广播会和普通广播合用，在发生火灾时普通广播会立即切换并播放消防广播内容，同时消防广播还会和声光警报器交替发声，提醒人们发生了火灾。此外，消防控制室可以通过消防广播向建筑内人员通报火灾信息，指引人们疏散。

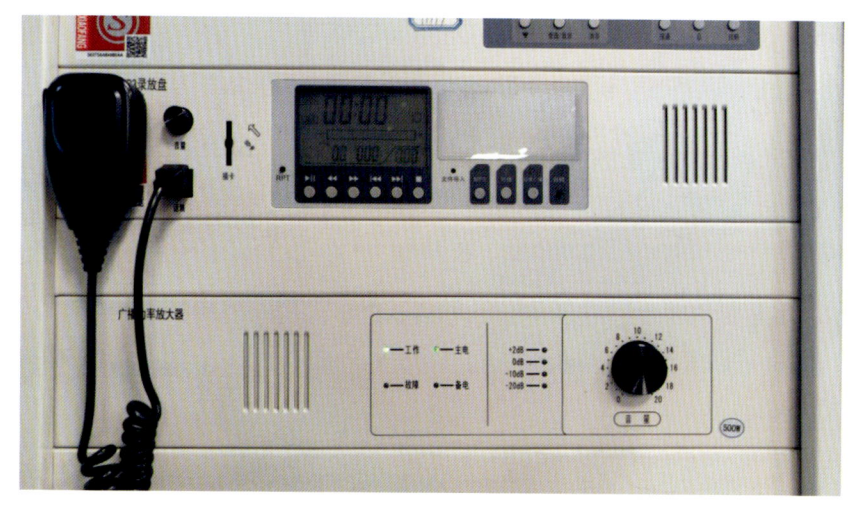

图1-6 消防广播主机

消防电话

消防电话主机（如图1-7）设置在消防控制室内，其分机设置在发电机房、消防水泵房、总调度室等重要房间内。消防电话有独立的通信系统，在紧急状况下，消防控制室可以通过消防电话与各个重点区域进行通话。

图1-7 消防电话主机

第一章 | 我们身边的消防设施

除了我们上面介绍的常见组件以外，火灾自动报警系统还有区域显示器、消防控制室图形显示装置、电气火灾监控器等其他设备，它们都在火灾自动报警系统里有特定的作用，帮助该系统正常运转。

消防小问答：在没有火灾的情况下不小心按下了手动火灾报警按钮，会不会使火灾自动报警系统被误启动？

答：不会。火灾自动报警系统为了防止消防设施被误启动，采用的是"与"逻辑，即收到两个独立的火灾探测器信号，或者一个火灾探测器信号与一个手动火灾报警按钮信号，才能触发启动逻辑，单独按下一个手动火灾报警按钮，该系统是不会被误启动的。所有的消防设施都会按照预设的控制逻辑编程在控制器里，这些消防设施的启动条件并不完全相同。比如控制器只有在接收到两个火灾探测器的火灾报警信号后才会打开排烟口，按下再多的手动火灾报警按钮也不会打开排烟口。

三、消火栓系统——人力灭火的主要武器

水是我们对付火灾最常用的灭火剂。在古代，我们只能通过组织人力，用盆、桶等从水源处打水灭火，而现在我们可以通过消火栓系统把水运送到建筑的各个部位进行有效灭火。消火栓系统具有供水能力强、可靠性高、维护成本低等优点，适用于多种场所，是应用最广泛的灭火设施。

消火栓系统是如何工作的呢？消火栓系统是需要手动操作的灭火系统。发生火灾时，我们需要打开消火栓门，连接水枪、水带和栓口，拧开栓口后使用水枪喷水进行灭火，因此，使用者需要经过培训，并具备一定操作能力和体力才可以使用消火栓系统。

消火栓系统由哪些组件组成呢？消火栓系统主要由消防水泵、配水管网、室内消火栓、室外消火栓、市政消火栓、水泵接合器等构成。供水设施包

括高位消防水箱、消防水池、消防水泵、配水管网等，它是保证消火栓系统在灭火时水源不断的关键。我们可以在生活中看见消火栓系统的组件，大家一起来认识它们吧！

消防水泵

消防水泵是消火栓系统中供水设施的"心脏"，是整个消火栓系统供水的保障（如图1-8）。它可以满足灭火时所需要的水流量和压力，一般设置在地下专用的消防水泵房。发生火灾时，它从消防水池抽水，再将水注入配水管网。

图1-8 消防水泵

配水管网

配水管网，即"供水管道"，是消火栓系统的"血管"（如图1-9）。其管道有架空、埋地等敷设方式，一般为红色并注明管道名称和水流方向。

图1-9 配水管网

室内消火栓

我们在建筑里常见的室内消火栓箱门上注有"消火栓"文字标识（如图1-10），其箱里会配备有水枪、水带、室内消火栓接

图1-10 室内消火栓外观

第一章 | 我们身边的消防设施

口。有些室内消火栓还会配备软管卷盘。只需要将卷盘内软管往外一拉，打开开关即可出水灭火，但出水流量相对较小。室内消火栓内部右上角红色模块为消火栓按钮，可以辅助启动消防水泵（如图1-11）。它的特点是使用方便、高效快速灭火。

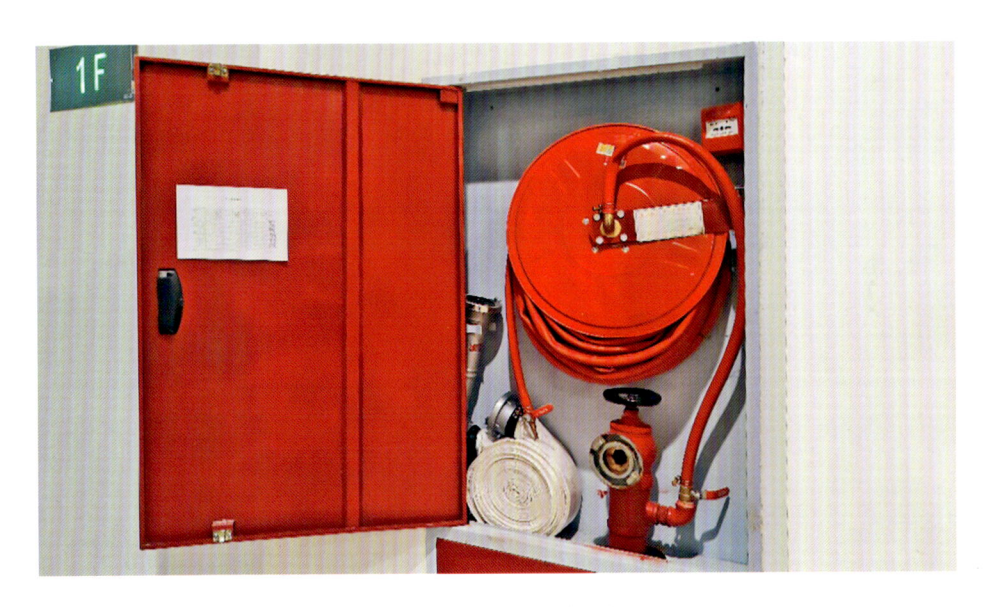

图1-11 室内消火栓内部

室外消火栓和市政消火栓

室外消火栓一般沿建筑周围均匀设置，属于建筑消防设施（如图1-12）；市政消火栓一般设置在公共道路两旁，利用市政供水管网供水，属于市政消防设施。这两种消火栓的外观和功能基本是一样的，它们的主要功能是给消防车补水。消防员可以利用专用扳手，通过吸水管将其和消防车相连接，从而为消防车的水箱加水。

图1-12 室外消火栓

水泵接合器

水泵接合器一般设置在建筑外墙上或者建筑周围，有地上式、地下式和墙壁式（如图1-13）。水泵接合器设置有明显标识牌，标明供水范围和额定压力等信息。当发生火灾时，一旦供水设施发生故障，消火栓管网里的水压和流量均不能满足灭火的要求，室内消火栓连接的水枪可能只能喷一点水或者无水可喷，那么这个时候消防车就可以利用车载水泵连接水泵接合器，向室内消火栓管网加压供水，保障灭火的顺利进行。水泵接合器还可以为其他的灭火系统管网进行加压供水，如自动喷水灭火系统等。

图1-13 水泵接合器（地上式）

消防小问答：

1. 普通人可以利用消火栓灭火吗？

答：在确保安全的前提下，普通人可以尝试利用消火栓进行灭火，但需要通过必要的培训，了解消火栓的基本使用方法，还要有一定的体力和操作能力。如果普通人使用消火栓灭火不熟练或者操作不当，不仅会延误最佳灭火时机，还有可能受伤，所以在尝试使用消火栓灭火时，要及时拨打119报警电话，寻求专业人员到场帮忙处理。

2. 消火栓系统里面是一直充满水的吗？

答：在我国的大部分地区，采用的是湿式消火栓系统，平时管道里是充满水的，但是在一些非常寒冷的地区，采用的是干式消火栓系统，平时管道里不充水，目的是防止管道内结冰。当发生紧急状况时，干式消火栓系统将快速向管道内注水，以确保消火栓正常出水。

第一章 | 我们身边的消防设施

3. 在灭火的时候，供水设施如何保证消火栓的用水？

答：建筑屋顶一般设置有高位消防水箱，通过高度差可以维持消火栓的水压，同时为消火栓灭火初期提供用水。当用水量增加以后，消防水泵会随之启动，它会从建筑的消防水池里不断抽水，向消火栓管网里供水以满足灭火所需要的水压和流量。除此之外，还有部分消火栓系统采用市政供水管网直接供水方式进行供水。

四、自动喷水灭火系统——迅速反应、无须人工操作的多用途灭火系统

我们经常在天花板上看见许多分布均匀、排列整齐的喷头，那就是自动喷水灭火系统，俗称"喷淋"系统（如图1-14）。与消火栓系统相比，它无须人工操作，能够在发生火灾时迅速启动，通过众多喷头实现大面积、大空间均匀喷水，可以有效把火灾遏制在初起阶段，防止火灾蔓延。自动喷水灭火系统的应用十分广泛，除了灭火，它还具备防火分隔、冷却保护等功能，但它的结构较复杂、维护成本较高。

自动喷水灭火系统的种类有哪些？根据安装的洒水喷头形式，自动喷水灭火系统主要分为闭式自动喷水灭火系统和开式自动喷水灭火系统。闭式自动喷水灭火系统就是采用闭式喷头的自动喷水灭火系统（湿式自动喷

图1-14 设置在走廊的自动喷水灭火系统

水灭火系统是它的其中一种类型）。只有当环境温度达到足以熔化喷头上的感温元件后，闭式自动喷水灭火系统中的喷头才会喷水，这确保了只有火灾现场附近的喷头会进行喷水，其他安全区域的喷头仍会保持关闭状态。在一些火灾危险性非常高、火灾极易蔓延的区域，例如舞台下方、摄影棚等，一般用开式自动喷水灭火系统，即该系统中所有的喷头都是常开状态，一旦发生火灾，所有喷头覆盖的区域都会进行喷水。因为开式自动喷水灭火系统一旦误喷会造成严重的损失，所以开式自动喷水灭火系统须收到确切的火灾报警信号后才会进行喷水。

自动喷水灭火系统是如何工作的呢？以最常见的湿式自动喷水灭火系统为例（如图1-15），该系统的管网内充满了有压水，喷头（一般设置在天花板上）处于关闭状态。当发生火灾时，随着环境温度升高到一定值，喷头上的感温元件（一般为玻璃球）受热熔化破裂，从而打开喷头的出水口，大量的水通过喷头喷出来进行灭火。同时，消防水泵也会启动，向湿式自动喷水灭火系统不停补水，以确保该系统不间断喷水。只有人工关闭消防水泵，湿式自动喷水灭火系统才会停止工作。

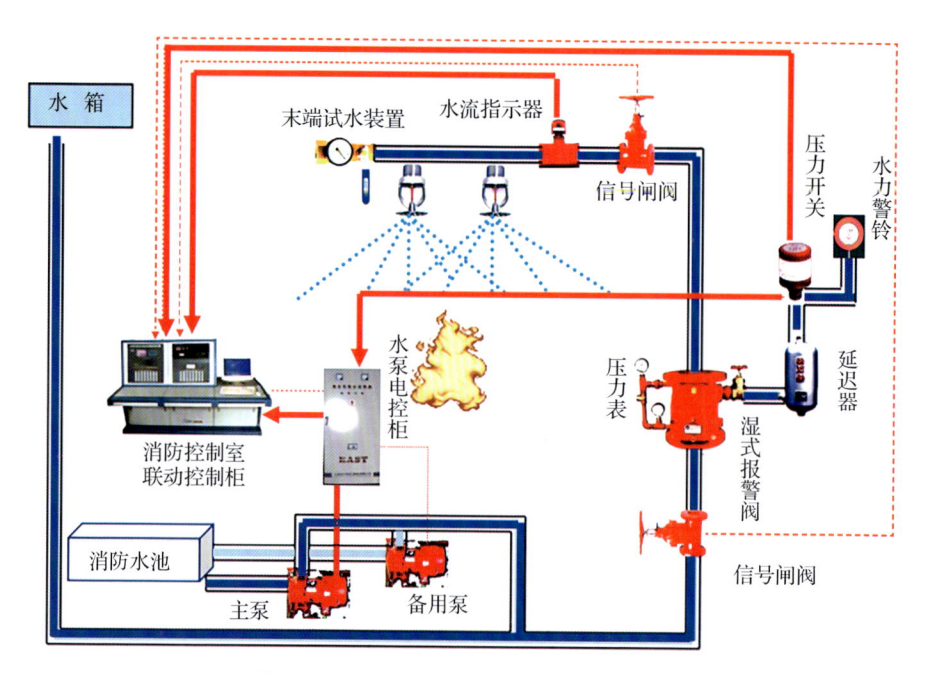

图1-15 湿式自动喷水灭火系统结构简图

第一章 | 我们身边的消防设施

自动喷水灭火系统由哪些组件组成呢？自动喷水灭火系统的组件除了有我们常见的洒水喷头，还有报警阀组、水力警铃、管道、供水设施、水流指示器等，在大多数建筑中，它们和消火栓系统会共用消防水池、高位消防水箱等供水设施，大家一起来认识它们吧！

洒水喷头

对于自动喷水灭火系统，我们日常中能常见的就是洒水喷头。一般常见的洒水喷头由于热的作用，会在预定的温度范围内（最常见为68℃）自行启动。它的种类繁多，可以根据安装位置、安装方式、洒水形状、灵敏度、保护面积等分为许多类型，下垂型洒水喷头就是其中一种（如图1-16）。在日常的生活中，我们要爱护洒水喷头，防止洒水喷头被破坏而造成误喷水。

图1-16 下垂型洒水喷头

报警阀组

报警阀组一般设置在专用的阀组间，是自动喷水灭火系统中非常重要的组件，它一侧连接着消防水泵、消防水箱等供水设施，另外一侧通过配水管网连接着末端的喷头。报警阀组通过平衡两侧的水压来维持系统日常的稳定，它有湿式、预作用、干式等多种类型的报警阀，以适应不同种类的自动喷水灭火系统（如图1-17）。

图1-17 湿式报警阀

水力警铃

水力警铃（如图1-18）一般设置在报警阀组附近的外墙上，我们经常可以在地

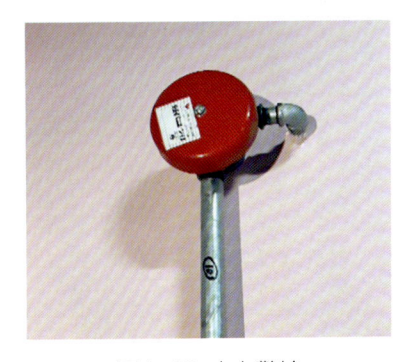

图1-18 水力警铃

下车库的外墙上看见它。当自动喷水灭火系统开始喷水工作时，水力警铃就会发出"丁零零"的高分贝声响，提示报警阀组已经被打开。

消防小问答：

1. 自动喷水灭火系统里面是一直充满水的吗？

答：不是。为了适应不同的建筑特征、火灾特点、环境条件，自动喷水灭火系统有许多形式，有管道内平时充满水的湿式自动喷水灭火系统，也有管道内平时充气的干式自动喷水灭火系统和预作用自动喷水灭火系统。湿式自动喷水灭火系统（管道平时充满水、喷头关闭）是应用最广泛、使用最多的一种系统。干式自动喷水灭火系统和预作用自动喷水灭火系统在我国北方地区的应用较为广泛，它们的特点是在发生火灾时先排出管道内的气体，再喷水，即使在寒冷的低温环境，管道也不会冻结。

2. 为什么洒水喷头安装方向不一样？

答：洒水喷头安装方向是根据不同屋顶构造设计的，尽可能使洒水喷头快速接触到火灾热气流而触发喷水。自动喷水灭火系统的洒水喷头有许多种类型，在地下车库内，我们大多看到的是向上布置的直立型洒水喷头；在酒店的客房内大多看到的是水平布置的边墙型洒水喷头；在有吊顶的建筑内大多看到的是向下布置的下垂型洒水喷头。

五、应急照明和疏散指示标志系统
——指引方向、辅助逃生的消防设施

发生火灾时浓烟弥漫，人们如何找到安全的逃生路线呢？这就要依靠应急照明和疏散指示标志系统了。它们用图形、文字指示疏散方向、安全出口、

第一章 | 我们身边的消防设施

楼层、避难层（间）等各种信息，在黑暗的火灾环境中为人们指明方向，为人员疏散和发生火灾时仍需工作的场所提供照明，帮助人们逃生。

应急照明

应急照明主要是通过应急照明灯来实现。应急照明灯的主要作用是为人员疏散和发生火灾时仍需工作的场所（如消防控制室、消防水泵房、消防设备间等房间）提供照明。一般安装在顶棚上、侧面墙或者柱上，在整个建筑中多点、均匀布置。应急照明灯比较好辨认，它一般有两个圆圆的"大眼睛"，但随着消防设施器材的不断进步，应急照明灯的外观样式变得多种多样，有些应急照明灯还承担日常照明的功能，在发生火灾时会提高亮度并切换成应急照明模式（如图1-19）。

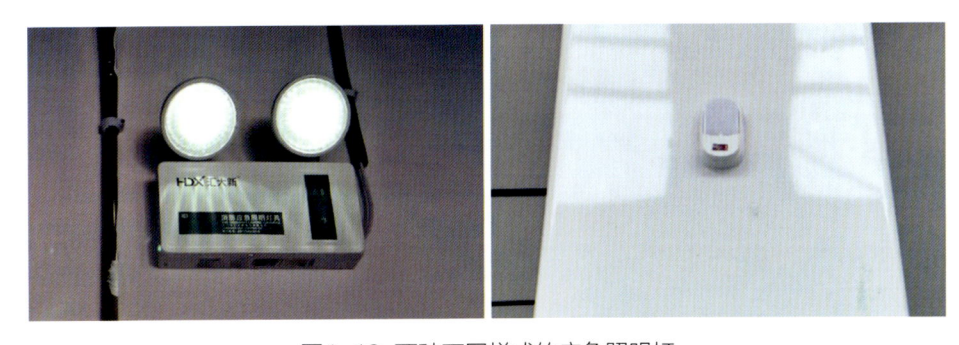

图1-19 两种不同样式的应急照明灯

疏散指示标志

在商场、超市、电影院等公共场所，经常能看到带有"奔跑的小绿人"的标志灯，这就是我们常说的疏散指示标志（如图1-20），而这个"奔跑的小绿人"最初是由日本人设计的，并起名"皮特托先生"。由于线条简洁明了，图案清

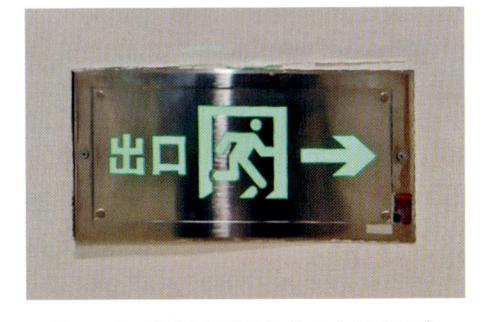

图1-20 疏散指示标志（方向标志灯）

晰且绿色又普遍代表着"安全"，所以1987年"奔跑的小绿人"成为全世界通用的疏散指示标志。疏散指示标志的主要功能是在火灾等紧急情况下可以

有效地帮助人们及时识别疏散位置和方向，迅速沿发光疏散指示标志顺利疏散，避免造成伤亡事故。

疏散指示标志通常分为方向标志灯（带箭头灯）和出口标志灯（不带箭头灯）。方向标志灯一般安装在疏散走道两侧的墙面或柱面距离地面1米以下的位置。在一些大空间、大跨度的场所，方向标志灯会在较高处吊装安装，而在一些商场、电影院等公众聚集场所还会在地面上增设圆形的方向标志灯。发生火灾时，只要跟着方向标志灯箭头指向的方向，就可以找到安全出口。不带箭头的出口标志灯一般安装在安全出口的正上方，它指示安全出口的具体位置，发生火灾时可以引导我们正确进入安全区域（如图1-21）。

图1-21 疏散指示标志（出口标志灯）

消防小问答：

1. 疏散指示标志是一直保持常亮的吗？

答：是的。疏散指示标志是持续点亮的，如果发现疏散指示标志不亮了，要及时进行维修或者更换。

2. 可以在一些场所采用贴纸型的疏散指示标志吗？

答：不可以。贴纸型的疏散指示标志一般属于蓄光型标志牌，它是利用储能物质吸收环境照度来发光（如图1-22）。这类

如图1-22 蓄光型标志牌

第一章 我们身边的消防设施

标志表面亮度较低，且亮度衰减较快，火灾发生时常常无法引起疏散人员的视觉反应，无法有效发挥疏散指示导引的作用，因此不能替代疏散指示标志，只能发挥辅助疏散的作用。

3. 发生火灾时我们会切断电源以防止电击，避免电气设备成为火源，那么应急照明和疏散指示标志系统在断电后还会继续工作吗？

答：会。应急照明和疏散指示标志系统是独立供电，按照供电模式分为自带电源型和集中电源型。当该系统采用自带电源型的灯具时，每一个灯具内都有一个蓄电池，电源断开以后它会自动转入自带蓄电池工作；当该系统采用集中电源型时，电源断开以后会通过集中电源继续工作。无论采取哪一种供电方式，应急照明和疏散指示标志系统在断电后至少能工作30分钟。

六、建筑防烟排烟系统——火灾烟气的克星

火灾发生时，可燃物燃烧和分解会产生大量浓烟，即火灾烟气。**它是比火焰更可怕的杀手**。实际上，在亡人火灾中，**大部分被困者都是死于烟气而非明火或者高温**，因而，除特殊情况外，大部分建筑应设置防烟和排烟系统。

▎防烟系统

在了解防烟系统之前，先让我们了解一个重要的消防概念：**前室**。它是指我们进入消防电梯、楼梯间之前的一个过渡空间，与其他区域通过防火门、隔墙进行分隔（如图1-23）。图1-23中的FM是指防火门。

假设我们身处一个40米高的医院住院楼内，当我们从走道进入楼梯间时，首先会通过一扇防火门进入一个独立的空间，再通过这个空间的另外一扇防火门，才可以进入楼梯间，而这个空间就是前室。

前室的作用非常重要，它可以防止烟气和火焰蔓延至楼梯间，也能容纳部分疏散人员，防止楼梯间因拥挤而出现踩踏，同时消防员可以放置必要的灭火器材以便于展开灭火行动。

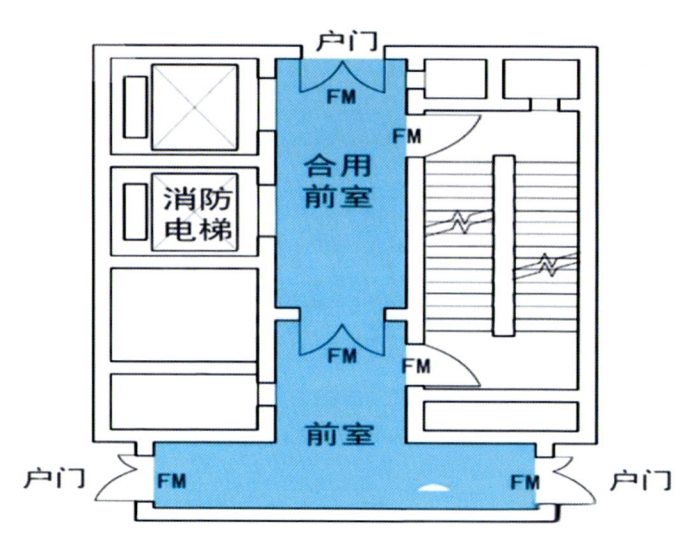

图1-23 前室的示意图

在建筑中，除了前室外，还有**楼梯间、避难层**等，这些都属于**室内安全区域**。发生火灾时，一旦烟气进入室内安全区域，我们便无法进行逃生和避难，因此在室内安全区域就需要设置防烟系统，防止烟气进入或聚集，帮助我们安全地逃离火场。

防烟系统是如何工作的呢？ 防烟系统有自然通风和机械加压送风两种方式。自然通风是利用窗户和开口，依靠空气压差流动，防止烟气积聚。对于高度较高的建筑，自然通风效果受建筑本身的密闭性以及自然环境中风向、风压的影响较大，难以保证防烟效果，这就必须采用机械加压送风方式。火灾发生时，送风机启动，外部新鲜空气被加压后从管道输送到指定区域（如楼梯间、前室等），从送风口出风。空气被送入这些区域后，使该区域气压变大，从而阻止烟气进入。该系统还会与火灾自动报警系统联动，实现自动控制和响应。

第一章 | 我们身边的消防设施

机械加压送风方式的防烟系统由哪些组件构成呢? 一般由送风口、送风管道、送风机等构成。我们最常见的就是送风口,一般设置在前室、楼梯间、避难间(层)内。建筑前室的送风口一般为常闭式(如图1-24),只有发生火灾时才打开,而楼梯间的送风口一般为常开式。

图1-24 设置在前室的常闭式机械加压送风口

排烟系统

要想排出烟气,我们首先要了解烟气。烟气作为火灾中对人伤害最大的"杀手",它的高温性、毒害性、刺激性、减光性会对被困人员的生理和心理造成巨大的损害。

发生火灾时烟气是如何流动的呢? 发生火灾时,烟气温度上升,形成气体密度差,热空气上升,冷空气下降,使**空气由下往上流动**,并与周围空气混合形成**可见气流**,其被称为"**烟羽流**",是火灾烟气蔓延的主要形式。由于烟羽流携带了热量、燃烧颗粒和烟雾,因此其具有高温和可见性。为了更好地排出烟气,我们在建筑空间顶部设计了**储烟仓**,它是由梁或挡烟垂壁等形成的用于蓄积火灾烟气的空间,我们的排烟口就设置在储烟仓内。

排烟系统是如何工作的呢? 排烟系统是通过**自然排烟**或**机械排烟**的方式,将房间、走道等空间的火灾烟气排至建筑物外。它可以帮助我们在猛烈的火场中找到相对安全的逃生和救援空间。自然排烟就是利用自然排烟窗(口)进行排烟,根据烟流扩散特点,排烟口的距离和高度都有明确的要求,在不少建筑中设置的窗户相应地具备自然排烟的功能。机械排烟系统与火灾自动报警系统的联动是,当发生火灾时,火灾自动报警系统接收到火灾信号后,打开着火区域的机械排烟系统排烟口,关闭着火区域的空调系统,同时启动排烟风机,开始排出火灾烟气。

机械排烟系统由哪些组件构成呢？一般由排烟口、挡烟垂壁、排烟风机、排烟管道、排烟防火阀等组成，我们经常可以在生活中看见它们。大家一起来认识排烟口和挡烟垂壁吧！

排烟口

排烟口具备自动开启和手动开启的功能（如图1-25）。我们在墙上常见的排烟口附近设置的手动开启装置（如图1-26），可以打开和关闭相应的排烟口。平时排烟口处于常闭状态，一旦打开排烟口，风机就会启动，没有发生火灾时我们不要触碰手动开启装置。

图1-25 设置在走廊的具备自动开启功能的排烟口

图1-26 排烟口附近设置的手动开启装置

挡烟垂壁

在商场、地铁站的天花板下，我们经常可以看见一排一排垂直的玻璃，大家不要小瞧它，这可是非常重要的消防设施，它就是挡烟垂壁（如图1-27）。它把宽敞的空间划分成了一个一个防烟分区，能有效控制烟气蔓延扩散，同时能使机械排烟系统更有效率地排出烟气。

图1-27 挡烟垂壁（透明型）

第一章 我们身边的消防设施

消防小问答：

1. 发生火灾时烟气温度很高，高温烟气会不会通过排烟管道蔓延到其他区域而引发火灾呢？

答：不会。在机械排烟系统中的排烟管道里设置了一个叫排烟防火阀的组件，当温度达到280 ℃，它就会自动关闭，防止高温烟气蔓延而导致火灾扩散。

2. 一个建筑中既设置了机械排烟系统，又设计了机械防烟系统，如何避免高温烟气排出后又被送进建筑内呢？

答：由于烟气自然向上扩散的特性，为了避免从进风口吸入烟气，一般将送风机的进风口布置在建筑下部，而排烟风机一般布置在建筑上部，且送风机的进风口与排烟风机的出风口不设置在同一面上。

七、灭火器——操作简便、随取随用的灭火利器

灭火器是我们身边最常见的消防器材，具有使用方便、维护简单的特点，广泛应用于各类公共场所。灭火器虽然小，但是它的学问可不少，选择不合适的灭火器不仅有可能灭不了火，而且还有可能引起灭火剂对燃烧的电化学反应，甚至会发生爆炸伤人事故，所以我们要了解灭火器的相关知识。

灭火器的选用原则

按照充装的灭火剂种类，灭火器可以分为：水基型灭火器、干粉灭火器、洁净气体灭火器、二氧化碳灭火器等。按照移动的方式，灭火器可以分为：手提式灭火器和推车式灭火器。

这么多种类的灭火器，我们应该如何选择呢？我们购买灭火器的时候，一定要了解灭火器的**适用范围**（灭火器铭牌上会标注适用哪种类型的火灾），结合人员情况和使用环境进行配置。例如，**水基型灭火器不适用于金属火灾**，因为水往往会和可燃烧的金属发生化学反应而导致火灾扩大；**二氧化碳灭火器**具有无污染、无残留的优点，特别适合配置在精密仪器较多的地方；幼儿园等妇女、小孩较多的场所，尽量使用较为轻便的**手提式灭火器**。

灭火器的设置

灭火器应设置在位置明显和便于取用的地点。一是要求**灭火器的设置位置明显、醒目**。这是为了在平时和发生火灾时，能让人们一目了然地知道何处可取灭火器，减少因寻找灭火器所花费的时间，从而能及时有效地将火扑灭在初起阶段。二是要求**灭火器的设置位置能够便于取用**，即当发现火情后，要求人们在没有任何障碍的情况下，就能够方便地拿取灭火器进行灭火。

灭火器的**摆放应稳固，其铭牌应朝外**。手提式灭火器宜设置在灭火器箱内或挂钩、托架上，其顶部离地面高度不应大于1.5米，如果设置太高，则不方便取用。

灭火器箱不得上锁。2004年2月15日，吉林某四层商厦发生大火，造成50多人死亡，70多人受伤。其深刻教训之一就是将几十瓶灭火器过于集中地放置在一个铁笼内，而且还上了锁，致使骤然起火后，现场人员在慌乱之中无法打开铁笼取得灭火器。

灭火器的组件

以常见的手提式干粉灭火器为例，灭火器主要由筒体、压力表（二氧化碳灭火器无压力表）、保险装置、间歇喷射机构、喷嘴等组成（如图1-28）。

灭火器的使用

灭火器的使用方法可以总结成一个四字口诀："**提、拔、握、压**"。**提**：提起灭火器；**拔**：拔掉保险装置；**握**：握住软管；**压**：压下压把，对着火焰根

第一章 | 我们身边的消防设施

部喷射。如果在室外使用灭火器,要注意风向,灭火时尽量站在**上风方向**。使用二氧化碳灭火器扑救电器火灾时,如果电压超过600伏,**应先断电后灭火**。在室内窄小空间使用二氧化碳灭火器灭火后,操作者**应迅速离开**,以防窒息。

灭火器的维护

要**定期**对灭火器开展检查,检查灭火器外观是否完好、筒体是否有损伤、压力表是否处于绿色正常区域、零部件是否松动等,如果发现问题,工作人员要及时维修或者更换灭火器。

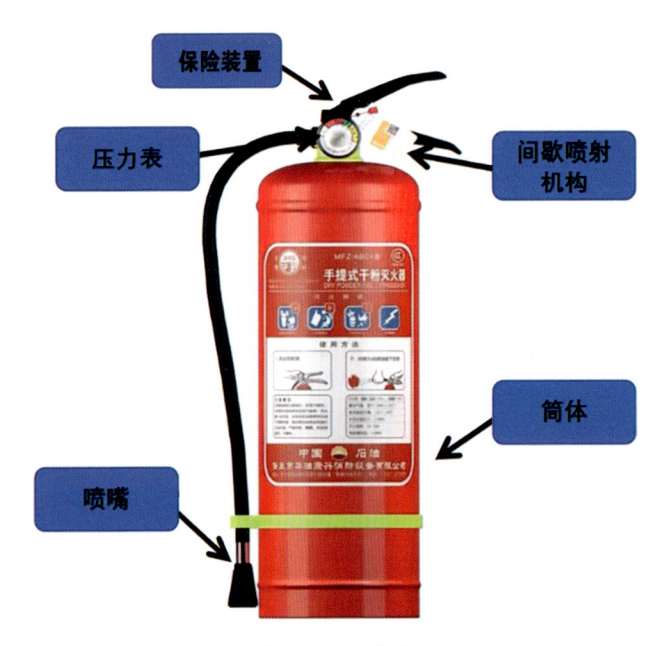

图1-28 灭火器

消防小问答:

1. 当灭火器压力表处于黄色或者红色区域时,灭火器还可以继续使用吗?

答:灭火器的压力表共有红色、绿色、黄色三个区域,当指针处于红色(再充装)区域时(如图1-29),表示灭火器压力不足,可能无法正常喷出灭火剂;当指针处于绿色区域

时，表示灭火器压力正常；当指针处于黄色（超充装）区域时，表示灭火器压力过高，可能有容器爆炸的危险。灭火器属于压力容器，要关注压力表读数，防止使用时对人身造成危害。

图1-29 灭火器压力表

2. 灭火器应多久进行维修呢？

答：一是发现灭火器存在机械损伤、明显锈蚀、灭火剂泄漏、被开启使用过或符合其他维修条件时，都需要送到灭火器生产企业或灭火器专业维修单位，及时维修。二是当灭火器达到表1-1中的维修期限时，也应进行维修，且只要达到或超过维修期限，即使灭火器未曾使用过，也应送修。

表1-1 不同类型灭火器维修期限

灭火器类型		维修期限
水基型灭火器	手提式水基型灭火器	出厂期满3年；首次维修以后每满1年
	推车式水基型灭火器	
干粉灭火器	手提式（贮压式）干粉灭火器	出厂期满5年；首次维修以后每满2年
	手提式（储气瓶式）干粉灭火器	
	推车式（贮压式）干粉灭火器	
	推车式（储气瓶式）干粉灭火器	
洁净气体灭火器	手提式洁净气体灭火器	
	推车式洁净气体灭火器	
二氧化碳灭火器	手提式二氧化碳灭火器	
	推车式二氧化碳灭火器	

3. 灭火器在什么情况下报废呢？

答：根据我国的消防技术标准，自出厂之日起，水基型灭火器报废年限是6年，干粉灭火器和洁净气体灭火器报废年限是10年，二氧化碳灭火器报废年限是12年。除此之外，灭火器在筒体损伤、被火烧过、出厂时期无法识别等情况下也要报废。

八、防火分隔设施——常被忽略但作用巨大的消防设施

防火分隔设施包括防火墙、防火门、防火卷帘等，它有效地将建筑划分成若干相对独立的区域，而这些被划分的独立区域在消防中称为"防火分区"。防火分区可以有效地限制火势蔓延，保障人员疏散逃生，维持火灾中建筑结构稳定。因此，防火分隔设施虽然常常被人忽略，但有着举足轻重的作用，大家一起来认识它吧！

防火墙

为了防止火灾蔓延而设置的具有一定耐火性的**不燃性墙体**，即防火墙。它是划分"防火分区"使用的墙体，一般而言它也是建筑结构中的承重墙体。

防火门

防火门一般指在规定时间内，能同时满足耐火完整性和隔热性要求的门。防火门的应用场所非常广泛，比如影院的观众厅、变配电室、管道井、楼梯间、前室等。它关闭时要具备防火防烟功能，可以阻挡烟雾和火焰蔓延，为人员疏散争取时间，可以说是"生命之门"。

在生活中，我们看见的防火门有些是关闭着的，有些又是打开的，防火门到底应该处于什么样的状态呢？下面我们一起来了解和学习常闭式防火门和常开式防火门吧！

常闭式防火门，其日常应该处于关闭状态（如图1-30）。但是在生活中，一些人为了方便，在常闭式防火门附近堆放障碍物，使常闭式防火门长期处于打开状态，一旦发生火灾，会导致火焰和烟气迅速蔓延，造成非常严重的后果。

在大型商场等公众聚集场所的出入口或者防火分区处，由于经常有人通行，因此设有**常开式防火门**（如图1-31）。常开式防火门并不是开着就能起作用，而是由于它有电磁释放器，并且与火灾自动报警系统联动，**具备发生火灾时可以自动关闭**的功能，它才被允许常开的。

图1-30 常闭式防火门

防火卷帘

防火卷帘主要用于既有防火分隔要求，又有通行需求的场所。我们经常可以在车库、中庭等位置见到它（如图1-32）。防火卷帘具备手动和自动下降功能，能与火灾自动报警系统联动。当发生火灾时，它会自动降下（不会自动升起，只能手动升起），发挥防火分隔的作用。

图1-31 常开式防火门

图1-32 处于打开状态的防火卷帘

消防小问答：

1. 防火墙、防火门、防火卷帘在发生火灾时可以一直起到防火作用吗？

答：不可以。防火墙、防火门、防火卷帘等防火分隔设施只能在规定时间内起到防火作用，这段规定的时间被称为"耐火极限"，它是指构件从受到火的作用时间起，到失去支撑能力，或完整性被破坏，或失去隔火作用时为止的这段时间，用小时表示。在生活中我们了解的防火墙，是指耐火极限不低于3小时的墙体；根据耐火极限，防火门一般分为甲级、乙级和丙级三个等级，它们的耐火完整性和隔热性分别不低于1.5小时、1小时和0.5小时。

2. 在生活中我们如何区分常闭式防火门和常开式防火门呢？

答：常闭式防火门在门扇的明显位置会设置"防火门保持常闭"等提示标语，提醒我们关好防火门。在现实生活中，尤其是住宅小区楼梯间，许多常闭式防火门因人为原因处于常开状态，这是非常危险的，一旦发生火灾，高温烟气可能迅速通过疏散楼梯蔓延到各层住宅。常开式防火门则是在日常状态下保持开启，可以方便人员通行。

3. 当发生火灾时，如果逃生不及时，防火卷帘会不会降下把人员困在着火区域？

答：在疏散通道处设置的防火卷帘当接收到火灾信号后，它会首先下降到离地1.8米处，而不会直接下降到地。当高温烟气袭来时，防火卷帘才会完全关闭，这样设计的目的就是为了便于人员疏散逃生。

九、其他消防系统

气体灭火系统

气体灭火系统应用于一些特殊场所，比如发电机房、变配电室、珍贵文物、档案场所以及不能用水扑灭的一些区域。它的优点是灭火效能高、对设备损害小、空间占用小等，缺点是系统复杂、价格昂贵、维护麻烦，且对人员构成潜在危险（比如高浓度气体会使人窒息）等。预制式气体灭火系统的气瓶如图1-33所示。一般气体灭火系统的防护区门口都有"放气勿入"标识灯，当该灯亮起时说明该房间内气体灭火系统正在工作，切记不要进入（如图1-34）。

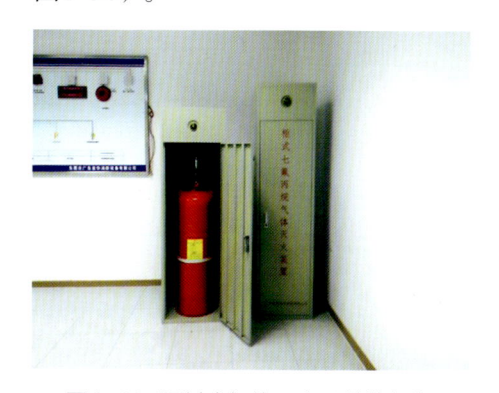

图1-33 预制式气体灭火系统的气瓶

图1-34 气体灭火系统防护区门口的"放气勿入"标识灯

自动定位跟踪射流系统

自动定位跟踪射流系统是我国自主研发的灭火系统，它为高大空间建筑场所的消防扑救提供了一个全新且有效的手段（如图1-35）。该系统以水为灭火介质，利用探测装置对火灾进行自动探测、跟踪、定位，并利用自动控制方式来实现精准定点灭火，其在商场中庭等位置得到广泛应用。

图1-35 自动定位跟踪射流系统

泡沫灭火系统

泡沫灭火系统是随着石油工业的发展而产生的（如图1-36）。早在20世纪30年代，一些发达国家就开始应用泡沫灭火系统。我国从60年代开始研究并应用泡沫灭火系统。80年代后，随着相关技术标准的先后颁布，泡沫灭火系统得到广泛使用。其应用的主要场所有石油化工企业生产区、油库、地下工程、汽车库、煤矿、大型飞机库、船舶等。

图1-36 设置在油罐上的泡沫灭火系统（红色管网）

除了我们介绍的消防设施以外，还有细水雾灭火系统、干粉灭火系统、水喷雾灭火系统等。随着科技的发展，尤其是近几年新能源的广泛应用，各类新型灭火手段和技术也在不断发展，相信随着通信和人工智能（AI）等高精尖技术的逐步应用，我们的消防设施将更加高效、便捷。

第二章
当我们遇到火灾

第一节 初起火灾扑救

提到火灾，你首先想到的是什么？大多数人认为火灾离我们很远，有人没有经历过火灾，更没有进入过火灾现场，所以它通常并不被我们重视。虽然火灾发生的概率不那么高，但它一旦找上你，可以轻易地让你倾家荡产，或者让你失去健康甚至生命。

2018年，全国消防救援队伍共接报火灾23.7万起，死亡1 407人、受伤798人，直接财产损失36.75亿元。也许这个数据并不能让你感到震惊，但是你知道2021年时的数据吗？2021年，全国消防救援队伍共接报火灾74.8万起，死亡1 987人，受伤2 225人，直接财产损失67.5亿元。也许你会想，火灾属于概率事件，有一定的随机性，我们国家火灾不算多，那请看看2024年的数据。2024年，全国消防救援队伍共接报火灾90.8万起，死亡2 001人，受伤2 665人，直接财产损失77.4亿元。无论怎么说，在我国如此重视安全生产的背景下，火灾依然呈现大幅攀升趋势。

当你还在忽略火灾危害的时候，它已经离我们越来越近了！

一、初起火灾扑救失败的案例

案例一　宁波某日用品有限公司重大火灾事故

2019年9月29日13时10分许，位于浙江省宁海县梅林街道梅林南路195号的宁波某日用品有限公司发生重大火灾事故，事故造成19人死亡，3人受伤，过火总面积约1 100平方米，直接经济损失2 380.4万元（如图2-1）。起火原因是该公司某员工将加热后的香水原料倒入塑料桶，因静电放电引起可燃蒸汽起火。在火灾发生后，**该员工先后尝试用嘴吹，拿盖子去盖，使用纸板对着火苗扇风等方式灭火**（如图2-2），然而火越灭越大。接下来另一名员工的一个错误操作让火势彻底失去了控制——**他将水直接泼向着火点，火势瞬间迅速向四周蔓延**，并引燃周边可燃物，形成猛烈燃烧之势。显然他并不知道，香水、乙醇、汽油等轻于水的物质起火时，用水去扑救犹如火上浇油。在他们忙于用错误方法灭火时，在起火点10米范围内有三瓶灭火器却无人问津。

图2-1 宁波某日用品有限公司火灾现场

图2-2 员工尝试嘴吹灭火

案例二　湖南娄底双峰县某电器服务中心较大火灾事故

2020年6月17日，发生在湖南娄底双峰县某电器服务中心的火灾，造成了7人死亡，事故造成的直接经济损失为993.8万元。起火原因是未熄灭的烟头引燃包装纸箱，从而引发火灾。火灾发生在室外堆场，在整个装卸现场，共有526单1081件带包装的货品，货品密集堆放在配送站门前。火灾发生时很快被人发现，现场有大量工作人员，然而这些人未在第一时间采取有效措施灭火。一部分人在观望，另一部分人去抢救货物（如图2-3）。在风的作用下，火灾迅速扩大蔓延，最终导致严重后果。该起火灾从起火冒烟开始到消防救援队伍到场，一共13分钟，消防队到场时火灾已经处于猛烈燃烧阶段了，浓烟覆盖了整栋居民楼。

图2-3 双锋县某电器服务中心发生火灾的初起阶段

从上述案例中，我们可以看出火灾具有以下特性：火灾的发生并不那么突然，从起火到扩散往往有足够的灭火和逃生时间；火灾具有复杂性，火灾的成因复杂，蔓延的途径多，应对不同火灾需要的灭火逃生知识不尽相同；火灾具有随机性，往往难以预警，任何场所，只要符合火灾发生条件，都有发生火灾的可能性，吸烟、用火不慎、生产作业不慎、玩火、放火等均会引起火灾。

在我们的生活环境中有着大量的可燃物，衣服、鞋子、木制家具、纸张、塑料制品等均属可燃物，空气中的氧气为其提供了助燃条件。也许你已经远离了生活中的各种常见引火源，但雷击、静电、生物发酵等也可能引起火灾（如图2-4）。上述特征说明，火灾是复杂的，是无法绝对避免的，但是人们掌握相应的灭火和逃生知识，并在发生火灾时能够正确运用，很大概率能将火灾消灭在萌芽状态，或者让被困者成功从火场逃生，这就是了解火灾，学习初起火灾扑救和逃生知识的意义。

第二章 当我们遇到火灾

图2-4 燃烧三要素

二、战斗前先了解什么是火灾

《消防词汇 第1部分：通用术语》（GB/T 5907.1—2014），火灾是指在时间或空间上失去控制的**燃烧**。"燃烧"是关键词，火灾实际上是燃烧造成的灾害。我们通过各种方法控制并消灭这种燃烧，火灾也就被消灭了。

那什么是燃烧呢？燃烧发生需要什么条件呢？

燃烧实际上是可燃物与氧化剂作用发生的放热反应，通常伴有火焰、发光和（或）烟气的现象。要发生这种反应必须具备三个要素，即可燃物、助燃物（氧化剂）和引火源。在某些情况下，虽然具备了燃烧的三个必要条件，但由于可燃物的数量不够，氧气不足或着火源的热量不大，温度不够，燃烧也不会发生。常见物质的燃点见表2-1所示。

假如你在家使用天然气灶做饭，必然会产生明火，天然气作为可燃气体就是可燃物，空气中的氧气就是助燃物，燃气灶点火产生的电火花就是引火源，天然气被点燃后，通过循环链式反应，使燃烧持续进行下去。我们都知道木材是可燃的，那我们用天然气灶点火产生的电火花去点燃木棍，即使有充分的氧气也无法点燃，因为燃气灶的电火花无法产生足够的点火能量，此时虽然具备了燃烧三要素，但由于点火能量不够，也无法实现燃烧。

总结一下，发生燃烧，其"三要素"必须达到一定的数量或能量并相互作用，这就是发生燃烧或持续燃烧的充分条件。

表2-1 常见物质的燃点

物质	燃点/℃	物质	燃点/℃	物质	燃点/℃
氢	580~600	黄磷	60	汽油	415
甲烷	650~750	赤磷	260	柴油	350
乙烷	520~630	硫黄	190	纸张	130
乙烯	542~547	铁粉	315~320	棉花	150
乙炔	406~440	镁粉	520~600	沥青	250
一氧化碳	641~658	铝粉	550~540	酒精	510
硫化氢	346~379	高温焦炭	440~600	氨	780
聚苯烯	420	可可粉	420	尼龙	500
密胺	790~810	咖啡	410	煤油	380

三、科学的灭火方法

我们利用前面所学知识可以推导出破坏燃烧从而灭火的方法。

第一，控制可燃物。控制可燃物灭火的方法为**隔离灭火法**，将正在燃烧的物质与未燃烧的物质分隔开或疏散到安全地带，燃烧会因失去可燃物而停止。比如你家燃气灶起火失去控制，无法关闭，可以通过关闭燃气阀门的方法来隔绝燃气，从而灭火。

　　第二，控制助燃物。最常见的助燃物就是氧气。空气中含有大约21%的氧，当然有些物质也会在外力或者受热的作用下自动释放出氧，无须外部助燃物就可发生燃烧。例如目前常见的三元锂电池会在热失控的状况下释放大量氧分子引发爆燃。

　　控制助燃物灭火的方法为**窒息灭火法**，即隔绝空气或稀释燃烧区的空气含氧量，使可燃物得不到足够的氧气而停止燃烧。比如，炒菜时油锅起火，可以使用锅盖盖住油锅的方法，隔绝氧气从而灭火。

　　第三，降低温度。由于物质在空气中持续燃烧一般是需要一定的温度的，这种能引起持续燃烧的最低温度叫燃点。如果温度降到燃点以下，那么燃烧将会停止。降低温度灭火的方法为**冷却灭火法**，即把灭火剂直接喷射到燃烧物上，将燃烧物的温度降低到燃点以下，从而使燃烧停止。例如，用水扑救木材火灾。

　　第四，破坏燃烧链式反应，即**化学抑制法**。破坏燃烧过程中产生的游离基，使链式反应中断，最终使燃烧停止，干粉灭火器就是利用这种原理进行灭火。

　　上述灭火方法并不一定单独存在，例如用水灭木材火灾时，一方面降低了温度，另一方面灭火产生的水蒸气一定程度上隔绝了空气中的氧气，起到了隔绝助燃物的作用，双管齐下实现快速灭火。

　　由此，**只要你了解身边常见物质的化学特性，就可以总结出各种正确的灭火方法**，这样就能够根据燃烧物质的特性和火场的具体情况以及消防器材装备的性能选择正确的灭火方法。

案例　宁波某日用品有限公司火灾扑救分析

　　我们来分析一下宁波某日用品有限公司发生火灾时，该企业员工采取的方法为什么不能成功灭火，应当采取什么样的办法灭火。简单分析可知该起火灾中的可燃物为香水原料（异构烷烃混合液），助燃物为空气中的氧气，引火源为静电。异构烷烃混合物是易燃、易挥发液体，一旦被点燃，燃烧速度快，释放的温度高。

该企业员工采取的第一个灭火方法是用嘴吹气，该方法当然不能隔离可燃物，也不能有效降低温度，更不能隔绝空气中的氧气，反而起到了加速空气流动的作用，给燃烧提供了更多的氧，导致火灾一定程度扩大。

该员工采取的第二个灭火方法是拿桶盖去盖，他试图通过隔绝氧气的方法灭火，该方法理论上可行，遗憾的是，他拿的桶盖和桶并不吻合，无法有效隔绝氧气。

他采用的第三个灭火方法是用纸板对着火苗扇风，与第一个方法类似，风助火势，使得火势更大了。

最终另一名员工用水灭火，直接导致火势失去控制。起火物质为液体且密度小于水，当用水扑救时易燃液体会迅速浮在水面上继续燃烧，无法有效降低温度，也无法隔绝氧气，起火物质会随水流淌而导致火灾蔓延扩大。

如何灭火才有效呢？ 第一，隔离灭火法，当时环境下，难以用该方法将正在燃烧的物质与未燃烧的物质分隔开。第二，窒息灭火法，利用合适的桶盖盖住起火的桶，理论上可行，但是桶盖和桶要匹配，盖住后不能有缝隙，至少该方法不会导致火势扩大，而且用时较短，可以尝试。第三，冷却灭火法，异构烷烃混合物是易燃液体，燃点低，燃烧释放的温度高，当时环境下，难以用该方法有效快速降温。第四，化学抑制法，即正确使用灭火器，此方法为最优解。通过分析，我们可以知道该起火灾的正确灭火方法，可以先尝试用桶盖盖住，如果不行立即寻找灭火器灭火，坚决杜绝采用水灭火。

四、把握最佳时机，消灭初起火灾

湖南娄底双峰县某电器服务中心火灾是一起失败的初起火灾扑救案例，虽然现场人员第一时间发现了火灾，却没有在火灾初起阶段采取有效手段来扑灭火灾。火灾从冒烟到猛烈燃烧的时间不足13分钟，这就说明在可燃物充足的情况下，火灾的发展是非常迅速的。现场人员应当在火灾初起阶段迅速对火灾进行处置。这不仅需要掌握正确的灭火方法，还需要经过一定的训练，使人员具备灭火和逃生基本素质。试想，如果火灾发生时，所有现场人

第二章 当我们遇到火灾

员都有灭火意识，大家迅速使用各种方法灭火，大概率可以阻止火灾蔓延，即使不能阻止火灾蔓延，也能够顺利逃生，不至于酿成惨剧。

为了科学地灭火，我们需要了解火灾发展的四个阶段，即初起阶段、全面发展阶段、猛烈燃烧阶段和熄灭阶段（如图2-5）。

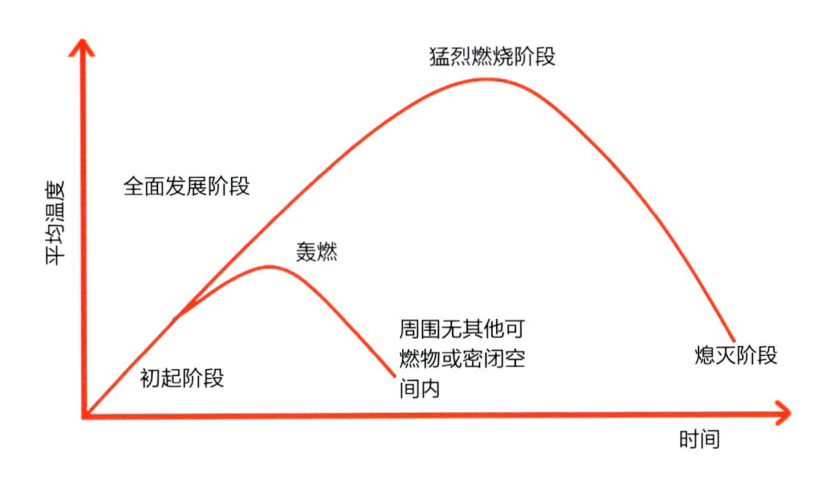

图2-5 火灾发展的四个阶段示意图

（一）初起阶段

此时的火灾范围较小，可燃物刚刚达到临界温度燃烧，不会产生高热量辐射及高强度的气体对流，烟气量不大，燃烧产生的有害气体尚未达到弥散，**此时是扑救火灾的最佳时机**（如图2-6）。

图2-6 火灾初起阶段示意图

（二）全面发展阶段

此阶段的火灾没有得到及时控制，继续燃烧，燃烧速度加快，温度不断升高，气体对流增强，烟气开始弥散（如图2-7）。

（三）猛烈燃烧阶段

火灾发展到这个阶段时最具破坏性，温度、气体对流强度、燃烧速度达到峰值，对扑救人员和受困人员会形成最大威胁，对建筑会形成毁灭性破坏（如图2-8）。

图2-7 火灾全面发展阶段示意图

（四）熄灭阶段

可燃物燃烧将尽，火场温度开始逐步下降，气体对流减弱，火灾呈逐步下降和熄灭趋势。

对于我们普通人来说，**无论有多么丰富的消防知识，只能在火灾初起阶段进行灭火**。如果火灾发展到第二阶段，缺乏防护装备和灭火作战经验的人员是完全

图2-8 火灾猛烈燃烧阶段示意图

无法应对的，甚至还会付出生命的代价。这时的扑救将变得无意义，因为已经无法将火灾扑灭，**此时应当尽快撤离**，并将自己掌握的情况告知消防救援人员，由专业的消防救援人员进行处置。

五、日常生活中我们应该怎么做

虽然现在我们明白了灭火的基本原理和灭火的最佳时机，但是我们很少，甚至没有遇到过火灾，不像消防救援人员那样能经常出入火场，有丰富

第二章 当我们遇到火灾

的灭火作战经验，那么我们应当怎么做才能在发生火灾时沉着应对呢？我们可以从以下两个方面着手。

（一）重视消防技能训练

首先，我们要明确一个重要概念：火场如战场，没有相同的战场，也没有相同的火场，所以关键时刻做出的判断非常重要。你要判断火灾处于什么阶段，起火物质是什么，火灾能否在短时间内被有效扑灭，采用什么方法灭火，灭火失败后如何撤离，如何通知楼内其他人撤离，在灭火的同时如何报警，等等。

我们不是机器人，无法在慌乱的情况下短时间内做出准确的判断，这就必须要通过训练来提升在发生火灾时的决策能力（如图2-9、图2-10、图2-11）。因为不是每一个人都有机会接触到系统的灭火技能训练，所以我们可以在日常生活中有意识地提升灭火能力。例如，上下班的时候观察楼道里的灭火器在什么位置，了解

图2-9 消防演练

图2-10 规范使用灭火器的训练

图2-11 某小学开展消防逃生演练

灭火器怎么使用，在发生火灾时，你就不会因为找不到或者不会使用灭火器而惊慌失措；你在家的时候，可以和家人一起做一次家庭版消防演练，来一

次火情预想，一起讨论家里哪些地方最容易着火，着火后可以使用什么方法灭火，谁负责灭火，谁负责通知物业，谁负责拨打119报警电话，这不仅能有效增加家庭成员的消防意识，也很有趣味性。同时要积极参与单位或小区举行的消防灭火及疏散演练，掌握发生火灾时的应对方案。

（二）了解你身边的火灾风险

每个人的生活环境不同，所面临的火灾风险也就不一样。随着社会的发展，新兴事物不断出现，火灾风险也在不断增加。例如，大规模增加的新能源汽车，在发生火灾时其应对措施和传统汽车有很大差别，这就要求我们要不断学习新的消防知识，观察、总结身边的火灾风险，以便发生火灾时能够更好地应对。

假如你住的小区有电动自行车停在楼道里充电，如果这辆电动自行车发生火灾，那么应当如何处置。假如你在餐馆上班，观察一下餐馆厨房里的燃气设备是否符合规定，是否有发生火灾的风险，如果发生火灾应当如何处置。假如你在化工厂上班，观察一下用于生产的化工原料的化学性质是什么，发生火灾时应当如何处置。

养成识别火灾风险的习惯，能确保你在发生火灾时做出正确处置。

六、常见初起火灾扑救方法汇总

《火灾分类》（GB/T 4968—2008）中，按照可燃物的类型和燃烧特性，将火灾分为A、B、C、D、E、F六个不同类别，分别代表固体物质火灾、液体或可熔化的固体物质火灾、气体火灾、金属火灾、带电火灾、烹饪器具内的烹饪物火灾。除金属火灾不常见外，其余火灾类别均较为常见。以下是常见初起火灾的常规扑救或预防方法。

固体物质火灾扑救方法

遇到家具等固体物质火灾时，可直接用水或灭火器进行灭火，也可采用湿棉被直接覆盖在起火物上的方法进行灭火。

如果房间里着火，且有浓烟和火焰时，应立即盛水浇灭火焰，**不应打开门窗**，以防止房间里的空气与室外的空气形成对流，从而助长火势蔓延。若火势未得到有效控制，有增大趋势，则应抓紧时间撤离至安全位置，等待消防救援队伍前来救援。

液体或可熔化的固体物质火灾扑救方法

汽油、柴油等易燃液体发生火灾时，**不能用水来灭火**。因为油的密度小于水，如果用水灭火，油就会浮在水面上，形成流淌火，造成火势蔓延。

针对此类火灾的最好方法是窒息灭火法，用不燃材料覆盖在起火的油上，使其与空气隔绝而熄灭。通常用的是干粉灭火器或者黄沙，灭火效果较好。若火势未得到有效控制，参与灭火的人员应当迅速撤离火场，等待消防救援队伍前来救援。

气体火灾预防方法

煤气、液化气作为日常使用的可燃气体，其泄漏可能引起火灾爆炸。

当闻到煤气味时，**绝对不可**划火柴或使用打火机去寻找漏气源，也不能采取易产生火花的行为，如开灯、关灯、点蜡烛、抽烟等。因为当煤气与空气的混合性气体达到爆炸极限时，遇到开灯、关灯产生的静电后都会发生爆炸。

首先，要关闭煤气阀门，切断气源；其次，要赶快打开门窗进行通风，稀释气体浓度，消除爆炸起火的隐患，并立即通知煤气公司派人前来检查、维修。如果煤气泄漏严重，还应及时向消防队报警，告知邻居要熄灭火源，并迅速向安全位置疏散。

带电火灾扑救方法

对于一般电气线路、电器设备引起的火灾，**首先应切断电源**，然后考虑对不同的对象采取不同的措施进行扑救。

只有当确保电路或电器无电时，才可用水进行扑救。在没有采取断电措施前，不能用水、泡沫灭火剂进行灭火，因为水是导体，着火后的电器上的电流可以通过水、泡沫等导体电击救火的人。

对于电视机、微波炉等电器引起的火灾，在断电后，用棉被、毛毯等覆盖住着火的电器，以防止电器着火后爆炸伤人，再把水浇在棉被、毛毯等上，以便彻底地进行灭火。如果是电动汽车起火，通常无法通过常规方法扑灭，应当立即撤离到安全位置。

烹饪器具内的烹饪物火灾扑救方法

日常食用的油类主要有豆油、菜籽油、花生油等植物油以及猪油、鸭油、牛油等动物油。无论是植物油还是动物油，都属于可燃液体，在锅内加热到450℃左右时就会发生自燃，蹿起几十厘米高的火焰（如图2-12）。

人们遇到油锅突然起火，难免会惊慌失措，甚至会采取错误的灭火措施，进而导致火势扩大。需要明确的是无论采取哪种灭火方法，首先应当关闭燃气灶具或者关闭燃气阀门。扑灭烹饪器具内的烹饪物火灾的常用方法如下：

图2-12 厨房火灾示意图

（1）窒息灭火法。用锅盖盖住起火的油锅，使燃烧的油火接触不到空气，油锅里的火便会因缺氧而熄灭。锅盖灭火方法简便易行，而且不会污染锅里的油，人体也不会被火烧伤。或者用手边的大块湿抹布覆盖住起火的油锅，也能与锅盖起到异曲同工的效果，但要注意覆盖时不能留有空隙。

（2）冷却灭火法。如果厨房里有切好的蔬菜或其他生冷食物，可沿着锅的边缘倒入锅内或者继续沿着锅边倒入冷油，使锅里油温迅速下降。当油温达不到燃点时，火就会自动熄灭。

注意事项：**油锅一旦起火，不能用水往锅里浇**，因为冷水遇到高温油后会形成"炸锅"，使油火到处飞溅，很容易造成火灾蔓延和人员伤亡。为防止油锅起火，在炒菜或煎炸食物时，须注意控制油温，锅下的火苗不能太高。当热油开始冒烟时，应用小火或把火熄掉，以降低温度。

第二节 火灾自救与疏散逃生

从前文中我们可以知道，火灾从发生到猛烈燃烧是需要一定时间的，这个时间的长短取决于火灾现场的情况，包括可燃物数量、可燃物的燃烧性能、通风情况、现场防火条件等。可以说，只有类似的火灾现场，没有完全相同的火灾现场。每个火灾现场的情况不同，这就意味着每个火灾现场中留给人们的逃生时间都不同，同时也没有绝对有效的逃生方法。

通过对近年来的亡人火灾进行分析，可以发现，火灾中亡人的情况往往是因为人们**逃生自救互救知识和能力**的缺乏。由于自救能力弱、逃生知识匮乏，人们往往在发生火灾时存在极度恐慌心理，从而失去基本的判断力，最终使得逃生失败，并付出惨痛代价。另外，**建筑的防火条件**的好坏也是影响逃生成功率的重要因素。试想，如果一个建筑的安全出口数量和宽度都符合要求，建筑消防设施完好，装修材料合格，即使发生火灾，也很难发生群死群伤事故。也就是说发生火灾时影响自救和逃生成功率的最主要因素是**人的行为和建筑防火条件**。

一、火灾疏散逃生中的不安全行为

通过对近年来发生的有详细事故调查报告的重特大建筑火灾事故进行分析和统计，我们发现主要有以下六种行为会导致人们自救逃生失败。

（一）逃生不及时行为

产生逃生不及时行为的原因往往是相关人员对火灾形势判断有误，认为火灾不会对自身产生威胁。有些人在发生火灾时盲目地寻找亲人和朋友；有些人片面认为火灾不会对自身造成影响，继续做手头的事情；有些人对发生的火灾处于观望状态，盲目自信。这些都会导致错过了逃生的最佳时机。

案例： 2022年河南省安阳市某商贸有限公司发生特大火灾事故，火灾过火面积为11 000平方米，发生火灾时建筑内共有116人，最终造成42人死亡、2人受伤，逃生失败率高达36.2%（如图2-13）。这起严重的火灾事故是因工人违规进行电焊作业而造成的。起火点位于建筑一层，起火时二层的工人听见一层有"砰砰"的响声，随即向二层负责人报告说："好像楼下有什么炸了。"负责人却说："跟咱们有啥关系！"**负责人没有第一时间组织员工疏散撤离，最终造成人员伤亡。**

图2-13 安阳市某商贸有限公司火灾现场图

（二）求救不及时行为

发生火灾时，相关人员不能清晰感知火势大小和个人能力，多是自我尝试灭火失败后再寻求消防人员的帮助，最终导致火灾扩大，人们难以逃生。**求救不及时**，没有及时地将火灾信息传播出去，**使得很多人不知道发生了火灾**，从而失去逃生自救的机会。

案例： 2008年12月12日，位于山西运城市盐湖区中银大道252号的三层楼一保健中心起火（如图2-14）。下午3时40分许，该保健中心工作人员王某突然听到"啪"的一声响，以为一楼楼梯口附近的烤箱出了问题，便去查看，发现烤箱并没通电，转身时却看见大厅西北角在冒烟。他立即跑出门，到隔壁的便利店查看，发现便利店西墙边有烟冒出，那儿有一张床，他掀开床铺

第二章 当我们遇到火灾　047

上的被褥，发现起火。他当即跑回保健中心，拿来一瓶小的灭火器灭火，喷了几下后，明火不见了，就以为火被灭掉了，但在出店门时他回头发现火又燃起来了，于是又跑上前去灭火。他发现火越来越大，又返回保健中心拿了一瓶大的灭火器准备灭火时，火势已经无法控制。王某不得不退出去，并

图2-14 一保健中心火灾现场图

跑到保健中心通知大家着火了！**几次反复扑火未灭，浪费了20分钟左右的宝贵时间**。这起火灾最终导致7人死亡。

（三）从众行为

相关人员缺乏逃生知识和自救能力，发生火灾时不会自我观察与思考，跟随他人的错误行为，从而导致逃生失败。比如发生火灾时，盲目急切地跟随他人走向光亮处（往往是火势大的位置）；未对火灾发展阶段进行清晰的判断，盲目协同他人灭火。

案例： 2023年4月25日下午，台湾地区某食品厂发生火灾（如图2-15）。据初步勘察，起火点位于二楼厨房。其火灾导致22名员工被困，其中7人死亡、8人重伤、7人轻伤。据了解，发生火灾时，**15名员工认为低温环境相对安全，因此第一时间躲进四楼的冷藏库**，但由于冷藏库只用塑胶布帘跟其他工作区隔开，从而无法阻止浓烟的进入。虽然火势不

图2-15 台湾地区某食品厂火灾现场图

大，但因厂内弥漫浓烟，且员工逃生路线错误等，导致伤亡很大。

(四)冲动行为

发生火灾时，因环境刺激，会对人产生不良反应，从而引发冲动行为，如盲目寻找逃生路线、跳楼等。

案例： 2021年4月中旬的一天清晨，大约5时40分，租住在威海市环翠区张村镇某公寓楼的林某某，突然发现房间内起火了。林某某尝试灭火，未果后拨打119电话报警，后由消防队将火扑灭。租住在林某某斜对面房间的陈某某却受伤了，因为发生火灾的时间比较早，陈某某在睡梦中被消防车的警笛声吵醒，打开房门一看，发现烟雾比较大，**情急之下打开窗户从三楼跳了下去，从而不慎摔伤（双足跟骨粉碎性骨折）**。慌乱之中，陈某某的妻子因为胆小、恐高，不敢翻窗，一直待在房间中，最终跟随消防救援人员到达安全地带。

(五)返回火场行为

发生火灾时，有的人已经逃生成功，却因想抢救自己的贵重物品而返回火场，最终导致伤亡。

案例： 2023年9月，四川雅安一农村自建房发生火灾，消防救援人员立即到场扑救（如图2-16）。这起火灾烧损了一层砖混房屋，并造成一人死亡。死者系一50岁男性。发生火灾时，该男子救火心切，未第一时间报警，而是试图用盆装水把火扑灭。他两次进入火场灭火无果后，在第三次进入火场抢救家中母猪时，因吸入过多烟气而导致窒息死亡。这种本已逃生成功，但为抢救财物返回火场而导致伤亡的情况多有发生。

图2-16 一农村自建房发生火灾后的现场图

第二章　当我们遇到火灾　　**049**

（六）错误使用逃生工具行为

发生火灾时，如果人们试图乘坐电梯逃生，会很容易造成人员伤亡。

案例一： 2022年9月16日19时11分，徐州市泉山区水漫桥路某商办综合楼附楼南侧门厅发生一起火灾事故，造成6人死亡，一人受伤，直接经济损失达1 400余万元（如图2-17）。这起事故中的7人在发生火灾时试图乘坐电梯逃生，导致6人因吸入有毒烟气而死亡，一人被严重烧伤。

图2-17　徐州市泉山区水漫桥路某商办综合楼附楼南侧门厅发生火灾后的现场图

如果上述案例一还不能引起人们对火灾自救和逃生的重视，那么请看下面的案例。

案例二： 2004年2月15日上午11时许，吉林省吉林市某商厦发生特大火灾，火灾造成54人死亡，70人受伤（如图2-18）。造成大量人员伤亡的原因是火灾现场中无人报警，直到11时28分，消防支队才接到路人的报警。

图2-18　2004年吉林省吉林市某商厦特大火灾现场图

案例三： 2010年11月15日，上海市静安区胶州路某公寓大楼发生一起因企业违规作业导致的特大火灾事故，造成58人死亡、71人受伤，建筑物过火面积

12 000平方米，直接经济损失达1.58亿元（如图2-19）。这起火灾是工人加固脚手架时违规进行电焊作业所致，并且在火势蔓延开后，电焊工没有立刻报警，也没有通知楼内住户逃难，而是第一时间逃离了现场，使得公寓内部分人员没有及时撤离，导致被困，最终造成悲剧。

案例四：2000年12月25日21时35分，河南省洛阳市老城区某商厦发生特大火灾事故，造成309人中毒窒息死亡，7人受伤（如图2-20）。这起火灾是工人违规进行电焊作业所致。发生火灾后相关责任人员试图灭火，在火

图2-19 2010年上海市静安区胶州路某公寓大楼特大火灾现场图

图2-20 2000年河南省洛阳市老城区某商厦特大火灾事故现场图

灾不能被扑灭的情况下，责任人既未报警，也没有通知楼上人员逃离现场，致使大量人员来不及逃生而死亡。

从上面的案例我们可以看到，之所以发生火灾，多是"人祸"，逃生自救失败更是"人祸"。人们缺乏报警常识，缺乏初起火灾扑救能力，缺乏引导疏散能力，缺乏逃生意识和正确的火场逃生知识，其结果就是在发生火灾时出现各种不安全的行为，错过了灭火、逃生的最佳时机，最终导致大量人员伤亡和重大财产损失。

二、建筑防火条件对人员逃生自救的影响

第一章已经对建筑消防设施进行了介绍，相信大家对其已经有了一个初步概念。当我们遇到火灾时，火灾自动报警系统能够及时发出火灾警报，应急照明灯可以在断电的情况下给我们提供照明，疏散指示标志能够快速引导我们走向安全出口，疏散楼梯能够保证我们能够快速疏散，防烟排烟系统能够使逃生路线不被烟气封锁。消防设施的种类和数量往往与建筑的复杂程度成正比，也就是说我们所处的建筑越复杂，楼层越高，理论上逃生自救的难度就越大，对消防设施的依赖性也就越大。在这种情况下，建筑消防设施完好、有效，也就代表建筑有良好的防火条件，能够极大地提升我们逃生自救的成功率。

群死群伤火灾事故往往发生在建筑防火条件恶劣的情况下，例如前面提到的吉林省吉林市某商厦发生的特大火灾，发生火灾时直接断电了，既没有发出火灾报警，也没有应急照明灯和疏散指示标志，使得人们在黑暗中慌不择路，难以逃生。

安全出口是逃生的重要通道。根据《建筑设计防火规范》对安全出口的定义，**安全出口是指供人员安全疏散用的楼梯间和室外楼梯的出入口或直通室内外安全区域的出口**。无论一栋建筑多么复杂，高度多么高，在设计时都必须有合适的疏散距离和疏散宽度。正常情况下，火灾警报器响起时，无论我们身在何处，都可以迅速根据周围的疏散指示标志进行撤离，快速到达安全出口。安全出口也许直通建筑外，也许通向封闭楼梯间或者防烟楼梯间，抑或是避难层。当我们没有及时到达建筑外，此时楼梯间或避难层的防烟系统将会和防火门、防火隔墙一起发挥防烟、防火的作用，避免浓烟和火势向安全区域蔓延，让我们能够有序地安全撤离或者安全避难，以便等待救援。

上述的任何一种消防设施出问题，都将对安全疏散产生影响，最糟糕的情况是安全出口被占用、堵塞、封闭，这将直接导致人们无法逃生。遗憾的是这种情况的发生屡见不鲜。前文提到的河南省洛阳市老城区某商厦发生的特大火灾事故中，就有三部楼梯被上锁的铁栅栏堵住，导致人们无法逃生。

三、科学的逃生自救方法

遇到火灾时，逃生不是一件容易的事情，各种不安全的行为和不安全的建筑防火条件都会成为逃生的阻碍，那么我们如何才能成功逃生呢？首先，我们需要重视火灾。前文中列举了大量惨烈案例，是想让大家重视火灾，学会正确自救。请时刻记住：**火灾离我们不远！**

火灾中有两大杀手，即浓烟和明火。对于明火就不必多作解释，而很多人并不清楚浓烟的危害，也并不知道火灾中80%的人都是因浓烟遇难，可以说，火灾中最大的"杀手"就是浓烟。浓烟致人死亡的主要原因是一氧化碳中毒，在一氧化碳浓度达1.3%的空气中，人吸上两三口这样的空气就会失去知觉，呼吸13分钟就会导致死亡。被浓烟熏过的房间如图2-21所示。

通常浓烟中可不只是一氧化碳这一种有毒物质。根据燃烧物质的不同，产生的毒气也不同。氰化氢、丙烯醛、氯化氢、硫化氢、二氧化硫等有毒物质都能在很短时间内致人死亡。不仅如此，发生火灾时，火场中燃烧产生的烟气温度可高达700℃，在灼伤皮肤的同时，吸入人体内的高温烟气会灼伤鼻腔、咽喉等，引发窒息，从而导

图2-21 被浓烟熏过的房间

致死亡。更加麻烦的是，火场中往往是大火未至，浓烟先到，尤其是高层建筑。火场中产生的高温烟气在浮力和烟囱效应的双重作用下，高热气体不断在通道的顶部积聚，使能见度大大降低。同时烟气对人的眼睛有极大的刺激作用，当人的视觉出现问题时，将产生极大的心理冲击，就会很难冷静地采取正确的逃生自救方法，这无疑会进一步加大逃生的难度。

（一）学会观察周围环境，做好逃生准备

逃生自救的目标是在远离烟气和明火的前提下，从安全通道撤离到建筑物外或集中避难区域。在这个过程中，我们要足够冷静，不慌乱，不从众，不冲动，这不仅需要我们通过逃生演练或推演等方式建立逃生意识，还需要我们掌握逃生自救知识，并学会观察火场环境。

我们平时要学会观察所在建筑的防火条件，特别是经常逗留的场所或建筑物，了解最近的安全出口位置，规划好主要逃生路线和备用逃生路线。某办公场所消防疏散路线图如图2-22所示。

此外，还要了解建筑物的楼梯间是否上锁，是否有堵塞、占用的情况，楼梯间防火门是否完好，疏散指示标志和应急照明灯是否正常，灭火器和消火栓的位置是否正确。

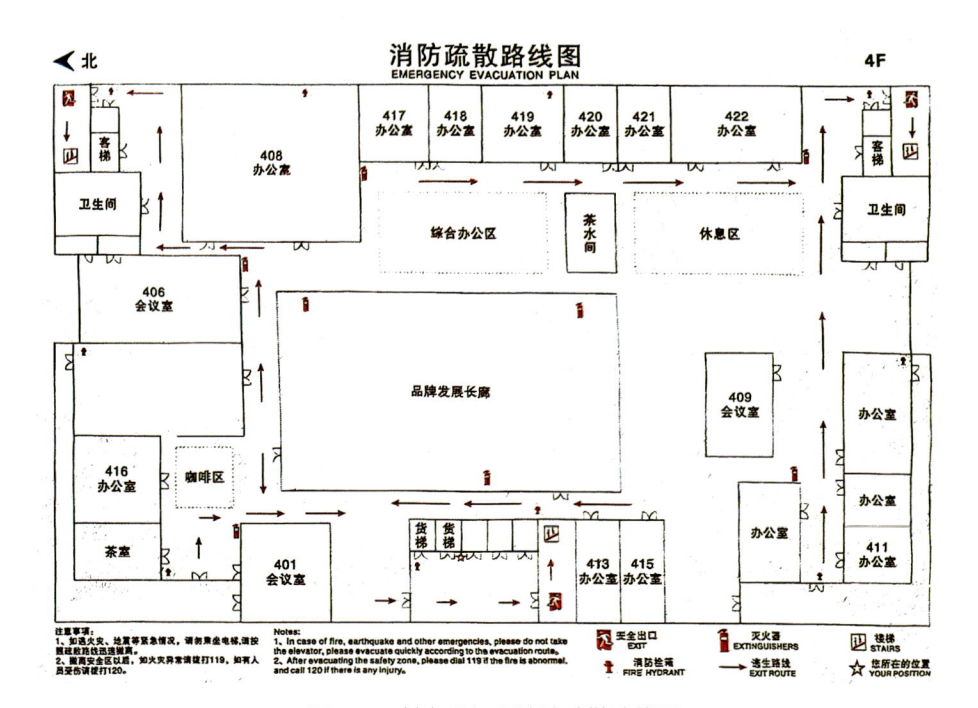

图2-22 某办公场所消防疏散路线图

安全出口被封闭的违法行为如图2-23所示。楼梯间被占用的违法行为如图2-24所示。

图2-23 安全出口被封闭的违法行为　　　图2-24 楼梯间被占用的违法行为

通过了解建筑物的相关情况，能够帮助我们有效地判断所在建筑物的防火条件，并在发生火灾时作出正确的决策。我们也可以**将发现的问题及时告知物业管理单位或者直接拨打12345政务服务便民热线电话向消防部门投诉**，以便整改火灾隐患，改善所在建筑物的防火条件。

我们可以在家中或工作场所配备一些逃生装备并学会使用，例如过滤式消防自救呼吸器可以延长在烟气中的逃生时间（如图2-25），灭火毯不仅可以灭火也可以披在人身上以防被火焰烧伤（如图2-26），高楼缓降器可以作为辅助逃生工具使用，等等。

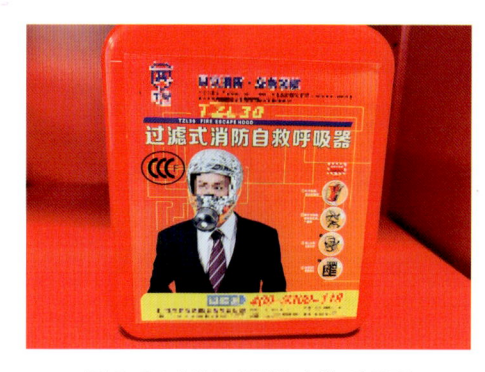

图 2-25 过滤式消防自救呼吸器　　　图2-26 灭火毯

（二）发生火灾时，应该如何逃生

如果火灾在我们身边发生且处于初起阶段，可以尝试灭火。除此之外，无论火灾是否蔓延，是否能够观察到烟气和明火，都**应当第一时间**通过正确疏散路径逃生。在逃生的同时，**及时拨打119报警电话求救**，并告知自己所在建筑物的位置、现场情况。

逃生时首先必须**明确逃生路径**。如果位于第一层，那么无论是窗户还是走道，只要能到室外，均是正确的逃生路径。如果没有位于第一层，那么可以通过走道通向楼梯间，再从楼梯间通向室外或避难层，这是正确的逃生路径。如果位于较大的地下商场，除了楼梯间，还可以通过避难走道逃生。如果位于有连廊的建筑物内，可以通过连廊逃到相邻建筑物。

一般情况下，只需要跟着疏散指示标志行动即可，因为它会指示我们到最近的安全出口。

需特别注意的是，如果你在地下室，**一定要第一时间回到地面上**。地下室通风条件差，烟气更容易聚集，而且地下室往往通信条件差，使得人们难以与外界取得联系。

如果我们在逃生时发现走道或者楼梯间开始出现烟气，那么应通过烟气的蔓延方向判断起火点的方位，并及时朝反方向逃离。此时我们应当保持警惕，时刻做好就地避难的准备。

（三）难以逃生时，如何就地避难

当发现烟气已经在逃生路径上形成规模，影响人们的呼吸和视线，已经**失去逃生条件，应当立即就地避难**。

避难场所的选择非常重要，因为避难场所必须具备一定的**防烟防火条件**。最好是选择可燃、易燃物少且开阔的房间作为避难场所，其墙体最好是没有缝隙的实体砖墙（可以用手敲击墙体进行判断），避免选择轻质墙体、普通玻璃墙体、有开口的墙体。同时，房间**一定要有**对外可开启窗户或者敞开式外廊，窗户开口越大越好。

密切观察窗外情况，查看烟气和明火有没有沿外窗竖向蔓延的风险，如果有蔓延的风险，说明此处不适合避难，应立即转移至其他方位的房间。如果确定没有蔓延的风险，**应当立即关闭**房间门和开向走道的窗户，避免烟气进入。

如果有水源，可以利用水源持续地对门窗浇水降温，并用衣物、毛巾浸湿水后堵住门窗缝隙，避免烟气进入，并**立即拨打119报警电话**，告知自己所在位置，等待救援。必要时，可以与119接线员保持通话，随时告知自身的情况。

如果起火点没有在住宅内部，但户门外有大量烟气，或者楼梯间有大量烟气，那么应当第一时间关闭入户门，并到每个房间窗户处观察烟气和明火有无竖向蔓延的风险。如果下方着火，明火向上蔓延，应当第一时间**关闭窗户、卸下窗帘**，将窗边可燃物挪走，再关闭该房间门，撤离到无蔓延风险的窗边等待救援。也可以从卫生间取水，依托房间门进行防御，避免烟气渗透，同时拨打119报警电话。

如果起火点在住宅内部，立即拨打119报警电话并尝试灭火。在灭火无果的情况下，**立即撤离并关闭入户门**，避免烟气进入疏散通道。

（四）常见的错误逃生自救方法

第一，**过分相信湿毛巾的作用**。湿毛巾并不能完全过滤烟气，仅能在火灾初起阶段使用，一旦烟气形成规模，就绝不能依靠湿毛巾逃生。

第二，**利用电梯逃生**。发生火灾时绝不能乘坐电梯，因为很多电梯根本不具备防烟防火功能，会严重威胁逃生者的生命安全。

第三，**盲目跳楼**。如果处于低楼层且火灾已经严重威胁生命安全，在有人帮助的情况下可以尝试跳楼；高楼层跳楼几乎等于自杀。

第四，**不首先选择逃生，而直接选择避难**。避难是在无法逃生的情况下的选择。发生火灾时，只要在建筑物内，都是存在风险的。

第五，**避难地点选择不正确**。如果选择没有窗户的地方避难，或者窗户很小的卫生间避难，会非常容易因缺氧致昏迷或死亡。

第六，**盲目向上逃生**。楼梯间没有烟气时**应当首先向楼下逃生**，如果迫于无奈实在要向上逃生，一定要确保能够到达楼顶，并通过屋面到其他单元逃生。在不熟悉的环境中，向楼顶逃生是有危险的，因为无法确定楼梯间通向顶楼的门是否上锁，楼顶是否有适合避难的区域。

第七，错误利用敞开楼梯或自动扶梯逃生。很多大型商场的中庭部位有敞开楼梯或自动扶梯，此类楼梯没有墙体等围护结构，不具备防烟、防火功能，不仅无法隔绝烟气和明火，还会拉长疏散距离。在建筑物设计时，往往不会将此类楼梯作为消防疏散通道，所以疏散指示标志也不会指向此类楼梯，而且建筑中庭部位往往还会设置防火卷帘，发生火灾时，防火卷帘会下降，将此类楼梯封闭。利用这类楼梯逃生绝不是首选，仅能在极端情况下辅助逃生。

第三章 "一专多能"的消防救援队伍

想象一下，繁忙的马路上，一辆辆红色的消防车如同闪电般在车流中灵活穿梭；在烈焰熊熊的火场中，英勇的消防员们宛如"超人"降临，毅然决然地冲入火海，直面危险。在救援现场，消防救援队伍步伐坚定，迎难而上，无所畏惧。这些无畏的守护者，用他们坚实的臂膀为我们筑起了一道道坚不可摧的安全屏障，成为我们最坚实的后盾。他们无论何时何地，只要哪里有火情，哪里有危险，总是第一时间挺身而出，用他们的勇气和智慧守护着我们的安宁，赢得了全社会的尊敬与爱戴。

本章节通过生动的图片与文字，让我们深入了解身边的消防救援队伍，并揭秘他们如何高效指挥、调度，如何在火灾扑救、紧急救援、社会救助等任务中大显身手。让我们一同走近这些默默无闻的"蓝朋友"，聆听他们背后的故事，感受他们带给我们的温暖与安全感。

第一节 消防站概览

消防站，是"蓝朋友"的梦幻营地，也是他们并肩成长、共克时艰的温馨家园。每当警铃响起，他们立即出发，奔赴各类紧急救援的最前线。每个消防站都独具特色，依据各自的专业技能和应对的灾害类型，被赋予了独特的魅力与风采。

依据《城市消防站建设标准》（建标152—2017），消防站分为普通消防

第三章 "一专多能"的消防救援队伍

站、特勤消防站和战勤保障消防站。每个消防站都有相应的辖区,消防员平时除了训练,还要在辖区内执行演练、宣传、保卫、熟悉街道等任务。辖区的大小跟消防站的规模有关,理论上讲,消防站的布局一般应以接到出动指令后5分钟内消防队可以到达辖区边缘为原则来确定的。

普通消防站

普通消防站就像是社区的守护者,专门负责扑灭辖区内的火灾和处理一般性的灾害事故,是城市安全的坚强前哨(如图3-1)。

图3-1 某普通消防站

特勤消防站

特勤消防站不仅要做一些普通消防站的工作,还要应对那些特别棘手的火灾和灾害事故,是解决复杂救援难题的精英部队(如图3-2)。

图3-2 某特勤消防站

战勤保障消防站

战勤保障消防站专注于为火灾扑救和抢险救援提供全方位的及时支援，确保救援行动后勤补给和装备保障（如图3-3）。

图3-3 某战勤保障消防站

第三章 "一专多能"的消防救援队伍 063

消防站通常由综合楼和训练场（塔）两个部分组成。其中，综合楼里配套设施齐全，有车库、消防员宿舍、办公区，还有各种功能室，例如站务部、通信室、体能训练室、器材库室等，为消防员们提供了一个集生活、训练和备战于一体的全能工作空间。某消防站车库如图3-4所示。近年来，国家消防救援局高度重视基础消防站的建设，消防站的环境条件逐步提升，有的消防站还配备了电影院、桑拿房、休闲吧、网吧等娱乐设施。某消防站被装物品放置区、洗漱间、图书室、网吧、电影院和健身房如图3-5至图3-10所示。

图3-4 某消防站车库

图3-5 某消防站被装物品放置区

图3-6 某消防站洗漱间

图3-7 某消防站图书室

图3-8 某消防站网吧

图3-9 某消防站电影院　　　　　　图3-10 某消防站健身房

根据每个城市的实际情况和需求，普通消防站可以进一步细分为一级、二级和小型普通消防站，以更好地满足不同区域的救援需求。在森林、水域、航空、地铁等特殊地方，还有专门的消防站，确保在特定环境下也能迅速有效地展开救援，为我们的城市安全保驾护航。

第二节 消防救援的"中枢大脑"
——119作战指挥中心

当论及消防救援，我们自然无法绕过其紧急求助电话号码——119，这组数字早已深深烙印在每个人的心中。它犹如消防救援行动的"集结号角"，而119作战指挥中心则扮演着整个消防队伍"中枢神经"的角色，肩负着接收警讯、评估灾情、调配救援资源、现场调度以及跨部门协作的重任，成为灾难来临时最为关键的"预警信号、生命通道"。

目前，各市、州及更高级别的行政区域均已构建起稳固的119作战指挥中心。为了更全面地应对全灾种大应急的需求，各县、区将加速推进，构建属于自己的指挥中心体系。某消防救援支队119作战指挥中心如图3-11所示。

第三章 "一专多能"的消防救援队伍

图3-11 某消防救援支队119作战指挥中心

119作战指挥中心汇聚各类专业人才，涵盖接警员、调度员、指挥员及通信员等核心岗位。他们均经过系统且严谨的培训，不仅精通消防领域的专业知识，还有着丰富的实战经验。在应对各类火灾及紧急救援任务时，他们能够各司其职、快速响应、精准判断，并高效地组织起救援行动。

在接警调度方面，119作战指挥中心配备了多个接警席位，并执行24小时全天候的不间断值守。一旦接到报警，接警员将迅速进行分析，并依据具体情况，迅速调动邻近的消防站、救护车等救援资源奔赴现场。同时，依托先进的通信设备，119作战指挥中心能够实时监控现场状况，为救援队伍提供精确的指挥支持。此外，119作战指挥中心还与应急、公安、医疗、环保等多个部门建立了紧密的合作网络，以便共同应对错综复杂的紧急状况。

在警情细致分类的推进中，119作战指挥中心严格依据火灾类型、灾害的严峻程度及波及范围等核心要素，实施高度精细化的分类策略。此策略旨在确保救援资源的精准调配与高效利用，进而显著提升整体的应急响应效能。正是凭借这些坚持不懈的努力与周密的筹划，119作战指挥中心在应对各类灾害事故时，均展现出了非凡的响应速度与强大的处理能力，确保消防救援队伍能够迅速且有效地处置各类突发紧急状况。我们仍需持续优化119作战指挥中心在消防救援中的核心功能与操作流程。接下来，让我们共同探索119作战指挥中心的调度系统及其高效运作的奥秘。

一、消防接警调度篇

案例：筑牢消防救援"生命线"

某日，某市119作战指挥中心119报警电话骤然响起，原因是市中心一座高耸入云的高层建筑突发火灾，火势汹涌，众多民众身陷危难。面对此等紧急情况，119作战指挥中心迅速激活应急响应机制，指挥调度系统随即转入高效运转状态。

接警员通过与报警人员电话沟通，**迅速提取有效信息**，包括起火建筑位置、起火部位、火势规模、蔓延路径、烟雾浓度及被困人员等关键要素。提取到有效信息后，迅速且精准地评估火灾态势，确定火警等级，并**按照属地管理权限，迅速调派最近的灭火救援力量到场处置**，同时根据不同的警情等级和灭火救援作战预案，调派足够的增援力量到场，并将收集到的现场信息准确地传达给各消防站。一系列指令如同精准的指挥棒，迅速传达给各消防队伍，命令他们迅速集结，第一时间前往火灾现场。

在调度过程中，**119作战指挥中心与交通管理、医疗机构等多个部门建立了紧密的联动机制**。通过实时信息共享与协同作战，相关部门也在同一时间出动，配合灭火救援，确保救援通道的畅通无阻与伤员的及时救治。

随着救援队伍的陆续抵达，119作战指挥中心的精准决策能力得到了充分的展现。119作战指挥中心通过与各消防站进行现场通信，并全程保持与现场的联系，不断动态地调整救援方案，确保每一项指令都能准确无误地传达至一线，为救援行动的成功提供了坚实的保障。在119作战指挥中心的统一调度下，各救援队伍紧密配合、协同作战，最终成功控制了火势的蔓延，解救了被困群众，并最大限度地减少了人员伤亡与财产损失。119作战指挥中心在警情处置完毕后，建立接警调度资料档案，包括接警调度记录表、作战环节和重要警情时间节点记录表、重要警情信息收集表、警情统计分析表等资料。

接警调度是119作战指挥中心日常运作的核心环节，其重要性不言而喻。

接警员经过严格的培训，能迅速地引导报警人提供有效的信息。同时，得益于先进的信息技术，119作战指挥中心通信系统能够源源不断地接收现场的音频、视频资料；无人机等高科技装备的引入，更为119作战指挥中心提供了独特的空中侦察火灾现场视角，为救援行动提供了更加全面、精准的情报支持，以便于119作战指挥中心将所有作战指令和现场情况快速传达给现场指挥员，成功地将原本纷繁复杂、错综交织的指挥调度任务转化为一系列条理清晰、逻辑严密、科学严谨的行动指令。

未来，随着科技的日新月异，119作战指挥中心将加速向智能化、精细化方向迈进，并借助大数据、云计算、人工智能等前沿技术实现对火灾现场情况更快速、更精准的分析，推动资源调度的智能化与决策制定的科学化。例如，通过大数据分析预测火灾风险，利用地理信息系统（GIS）直观展示火灾态势，引入智能语音助手与自动化报警处理系统等创新举措，进一步提升接警效率与准确性，为消防救援事业注入新的活力与动能。

消防小问答：

1. 当突发火灾时，正确的报警方式是怎样的呢？

答：精确无误的报警信息对迅速响应并有效应对灾害至关重要。在火灾肆虐之际，许多人往往对正确的报警流程模糊不清，甚至有人随意拨打报警电话，这不仅是对宝贵公共资源的无端消耗，更可能严重干扰到救援工作的及时性与效率。我们恳请每个公民铭记于心：一旦遇到火灾，请务必保持冷静，并向接警员详尽报告火灾的具体情况，包括但不限于火灾的物质类型、性质，是否有人员被困，火势蔓延的范围以及火灾发生的精确位置（其他紧急警情亦应遵循此原则）。这样，我们的接警员便能迅速且准确地评估形势，并高效调配救援力量，确保消防人员能够第一时间赶赴现场，有效处置危机。

2. 关于报警电话的拨打，是否会遇到无法接通或占线的情况呢？

答：一般来说，若报警电话无法接通，可能是电话或信号的问题所致。当你听到"座席忙，请耐心等待"的提示时，这意味着当前所有接警座席均处于紧张的工作状态中。尽管这种情况较为罕见，但在面对如洪涝、地震等大型灾害时，由于事故点多且分散，确实有可能发生接警座席忙的情况。在此情境下，我们建议你在听到提示音后稍作等待，之后再次尝试拨打，或选择信号更为稳定的地点进行报警。此外，对于异地报警的情况，请记得**加拨相应的区号**。例如，若你身处北京而需为上海老家的灾情求助，则应拨打021-119。最后，我们恳请广大公众珍惜并尊重119这一宝贵的公共资源，切勿随意拨打，以确保那些真正处于危难之中的人们能够得到及时、有效的帮助。

3. 火警和应急救援是如何分级的，分级有什么意义？

答：根据行业标准《火警和应急救援分级》（XF/T 1340—2016），火警分为五个等级，应急救援分为四个等级，等级数字越大代表灾害越严重。119作战指挥中心会根据不同的等级启动相应的应急预案，调配与灾害等级相适应的灭火救援力量到场处置灾情，以确保有足够的力量处置灾害。

第三章 "一专多能"的消防救援队伍　　**069**

二、消防通信保障篇

案例：消防救援的"千里眼"与"顺风耳"系统

在一起突如其来的化工厂火灾事故中，消防救援队伍迅速响应，第一时间启动了应急通信保障机制。由于火灾现场存在大量有毒、有害气体，且火势迅猛，现场环境极为复杂，传统的通信手段难以满足救援现场需求。为此，消防救援队伍启用了先进的"千里眼"与"顺风耳"系统，确保了通信的畅通无阻。某厂房火灾现场图如图3-12所示。

图3-12 某厂房火灾现场图

"千里眼"系统主要由高清视频监控和无人机侦察组成。高清视频监控设备被迅速部署在火灾现场周边，可以为119作战指挥中心提供实时的火场图像，帮助指挥员准确判断火势蔓延的情况和火场内部结构。同时，无人机搭载高清摄像头和热成像仪，从空中对火场进行侦察，实时传输火场的动态图像和温度数据，为救援人员提供了关键的视觉信息。如图3-13所示，消防通信员正在进行无人机操作训练。

"顺风耳"系统是指挥对讲系统，现场指挥员与119作战指挥中心通过PoC对讲机可以实现远程对讲，

图3-13 消防通信员正在进行无人机操作训练

现场通信一般通过防爆对讲机来实现。当现场存在通信干扰时，现场通信员可以利用无线通信中继设备在火场周围建立多个中继点，确保在复杂电磁环境下，救援人员与119作战指挥中心之间的通信不受干扰。语音增强设备则通过降噪和回声消除技术提高通话质量，使得现场指挥员和消防员之间的沟通更加顺畅、高效。消防员通过头盔中的骨传导耳机接收作战指令，确保作战命令的有效传达。当传统的通信手段失效时，消防站和119作战指挥中心还能通过卫星通信继续保持联系，确保通信不中断。如图3-14所示，消防通信员身背4G单兵传图系统且手持防爆对讲机；如图3-15所示，消防通信员正在操作卫星便携站。

图3-14 消防通信员身背4G单兵传图系统且手持防爆对讲机

图3-15 消防通信员正在操作卫星便携站

在"千里眼"与"顺风耳"系统的双重保障下，消防救援队伍迅速制订了科学的救援方案，成功疏散了火场内的被困人员，并有效控制了火势。在整个救援过程中，通信保障系统发挥了至关重要的作用，确保了救援行动的顺利进行。

消防通信保障不仅充当信息传递的桥梁，而且是提升应急响应速度的关键。在发生火灾或紧急情况时，迅速、精确、可靠的通信显得至关重要。它可以确保119作战指挥中心的决策能够立即传达给救援队伍，并且能够实时反馈前线的情况。随着科技的进步，消防通信保障系统变得日益先进。卫星通信、无线通信网络、物联网技术等都发挥了重要作用。这些技术的综合运用，构建了一个全方位、多层次的通信保障体系，无论环境多么复杂，通信都能保持畅通。

在火灾现场，消防人员可以佩戴相应智能终端，实时上传现场图像、位置信息、环境参数等关键数据至119作战指挥中心。这些数据经过大数据分析处理后，能迅速生成火灾态势图，为指挥决策提供有力支持。119作战指挥中心也可通过智能终端向消防人员下达指令、调配资源，实现远程指挥调度。

未来，消防通信保障系统将更加重视与智慧城市、物联网等技术的深度整合。逐步构建的智慧消防平台将优化消防资源配置，实现资源的高效利用，为城市安全提供更为强大的保障。随着人工智能、大数据等技术的不断成熟，消防通信保障系统的智能化程度也将持续提升，为消防工作带来更加便捷、高效、精准的通信支持。

三、消防全勤指挥部篇

案例：救援行动中的智囊团

在某天夜幕悄然降临时，某市一隅骤然间火光熊熊，浓烟滚滚，警笛声划破天际，一场猝不及防的火灾骤然考验着这座城市的应急响应机制。前方传来消息：一大型酒店发生火灾，现场有大量被困人员，情况十分紧急。

接警后，当地消防救援支队**迅速启动灭火救援作战应急预案**，调集8个消防站、30辆消防车前往处置，并将相关信息通知公安、应急、医疗等部门。全勤指挥部闻警而动，由当日值班的指挥长率领，迅速响应，紧急奔赴火灾现场。

途中，全勤指挥部通信人员迅速与各消防站建立通信，收集现场信息，掌握火场动态；保障助理迅速联系战勤保障消防站，调集油料、灭火剂、空气呼吸器气瓶等大量物资送往现场；指挥助理迅速汇集火场信息，评估火情，高效调度各方资源。然后，指挥长对现场指挥员下达作战命令，并将相关情况报告给当地政府主要领导。

抵达现场后，全勤指挥部立即与公安、应急、医疗、环保、电力等多个部门联合成立现场指挥部。各部门间紧密协作，职责明确，合力应对这场突如其来的灾难。在政府的领导下，指挥长协调各方并统一指挥，消防救援人员、公安民警、医护人员等各救援力量迅速集结，各司其职，各展所长，迅速扑灭了火灾，营救了被困人员。

全勤指挥部作为应急救援工作中的核心机构，承担着组织、指挥、协调和监督各项救援行动全面开展的重要职责，确保救援工作高效、有序地推进。该机构由专业的领导团队、资深的指挥人员、高效的联络员、技术精湛的专业技术人员以及必要的工作人员组成，具备卓越的组织能力和丰富的救援实战经验。如图3-16所示，全勤指挥部正在研究灭火救援作战计划。为了保障全勤指挥部的正常运转和高效运作，消防部门会定期对其相关人员进行培训和演练，不断提升全勤指挥部的组织协调能力和应急响应能力。同时，全勤指挥部的指挥车上还配备了先进的通信设备和技术手段，确保在救援行动中能够与各级救援力量保持密切联系，实时掌握救援现场的情况，为救援行动的决策提供有力支持。

图3-16 全勤指挥部正在研究灭火救援作战计划

消防小问答： 灾害具有随机性，全勤指挥部是如何实现快速响应出动指挥的？

答：省、市各级119作战指挥中心均设有全勤指挥部，根据灾害等级的不同，出动不同级别的指挥系统。全勤指挥部实行24小时值班制度，平时承担着日常指挥和协调任务。在紧急情况下，应急预案启动后，全勤指挥部能够迅速响应，立即出动到现场接管现场指挥权，协调各方力量处理突发事件，在自然灾害、事故灾难、公共卫生事件等突发事件中发挥着至关重要的作用。

第三节 消防救援三大职能

消防员24小时守护着大家，总是在关键时刻第一时间出现，奔赴火灾现场。如图3-17所示，消防员正在开展训练。为了适应新时代的新任务，他们需要**具备一专多能**的"超能力"。

"一专"指的是消防员在火灾扑救领域的专业技能。他们通过专业的学习和实践，精通众多消防知识和救援技巧，能够在火灾现场迅速评估火情、制订灭火方案，并高效地执行任务。此外，他们还要对辖区内的道路、交通、水源等了如指掌，对重点单位和火灾风险较高的场所进行实战演练，并制订灭火救援预案（如图3-18）。这些能力是他们能胜任消防工作、确保人民群众生命和财产安全的重要因素。

图3-17 消防员正在开展训练

图3-18 灭火作战演练

"多能"则体现了消防员的全能素质。除了专业的消防知识和技能，他们还要不断学习、培训和考核，掌握应急救援、心肺复苏、破拆救援等多项技能，提供全方位的救援服务（如图3-19至图3-22）。

图3-19 水域救援

图3-20 绳索救援

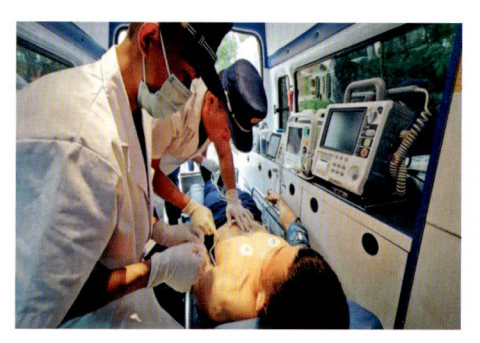

图3-21 心肺复苏训练

图3-22 破拆救援

消防员需要通过日常训练，保持身体健康，确保心理素质过硬，并具备较强的团队协作能力，以应对各种复杂、恶劣的环境和紧急情况。

建设一支"一专多能"的消防救援队伍具有重大意义。他们不仅能高效扑灭火灾，还能在自然灾害如地震、洪涝、泥石流、山体滑坡等情况下提供紧急救援，同时在交通事故、化学品泄漏等事件的处理中发挥关键作用，甚至在老百姓遇到困难时，能化身为无所不能的"孙悟空"，帮助老百姓脱离险境。他们的存在不仅提升了社会的安全感，也增强了公众对消防工作的信任和认可。

准备好了吗？接下来，我们要一起去了解一个个惊心动魄的救援案例，案例中，消防员用超凡的能力和聪明才智，一次又一次地把遇险群众从危险边缘救回来。让我们一起感受他们的英勇和智慧吧！

第三章 | "一专多能"的消防救援队伍

一、灭火救援篇

案例 高层住宅楼火灾救援

某日凌晨，位于某市市中心的一座高层住宅楼突发火灾，火势迅速蔓延至多个楼层，滚滚浓烟遮蔽了半边天空，惊叫声、呼救声此起彼伏，情况万分危急（如图3-23）。该楼居住着数百户居民，许多人还在睡梦中，对突如其来的灾难毫无防备。

接到报警后，市消防支队立即启动应急预案，调集了多支消防救援队伍、数十辆消防车，上百名消防员火速赶往现场。在最近的灭火救援力量到达现场后，立即组织人员对火场情况进行侦察，消防指挥员迅速评估火情，决定采取"内外夹击、分段阻截"的战

图3-23 某高层住宅楼火灾现场图

图3-24 登高平台消防车从外部对火势进行压制

术。一方面，派遣多组消防员利用高喷消防车、登高平台消防车从外部对火势进行压制，避免火灾通过外墙蔓延（如图3-24）；另一方面，组织精锐力量穿戴好防护装备，进入火场内部进行搜救和灭火作业。同时，派遣人员到消防控制室，通过火灾自动报警系统了解火场信息，根据消防指挥员的指令操作建筑内部的消防设施，并通过建筑内的消防广播引导人们有序疏散；安排警戒人员设置安全警戒线，疏散周边群众，避免无关人员进入火场，确保

图3-25 消防员破拆门窗

救援行动的安全有序进行。

在火场内，消防员按照分工进行分组行动。灭火组依托建筑楼梯间，在着火层和着火层上层利用室内消火栓系统设置水枪阵地，按照"先控制后消灭"的原则，将火灾控制在着火楼层，避免火灾继续蔓延；搜救组携带破拆装备和救援装备，按照着火层、着火层上层、着火层下层的顺序仔细搜寻被困人员。在一处浓烟密布的房间内，消防员通过微弱的呼救声定位到了一名被困儿童，他们迅速破拆门窗，将孩子安全救出（如图3-25）。

随着灭火救援力量的陆续到达，越来越多的搜救人员和灭火人员到达现场，他们穿戴好个人防护装备，陆续进入火场。搜救人员对所有可能出现被困人员的地方进行全面搜索，确保被困人员被全部疏散；灭火人员在各个方向建立水枪阵地，并具备打"歼灭战"的条件。现场指挥员随即下达集中力量将火势扑灭的命令，供水消防车通过水泵接合器向室内消火栓加压供水，全体灭火人员向着火楼层发起总攻，终于大火被扑灭。

火灾扑救结束后，消防部门还联合相关部门对火灾原因进行了深入调查，同时，组织开展了消防安全宣传教育活动，提醒广大市民增强消防安全意识，预防火灾事故的发生。

消防灭火救援是消防救援队伍最主要的职责。消防员应当贯彻"救人第一、科学施救"的指导思想，按照"先控制、后消灭，集中兵力、准确迅速，攻防并举、固移结合"的作战原则，实施灭火作战行动。灭火战术基本方法是构成灭火战法的基础，主要有堵截、突破、分割、夹击、合击、围歼、破拆、封堵、排烟、监控等方法。在灭火作战中，这些基本方法既可单独使用，又可针对某些火灾或险情通过组合形成一套战法加以应用。

由此可见，灭火救援是一件非常复杂的事情。火场形势瞬息万变，如果没有牢固的理论支撑、训练强化和相互默契配合，不仅难以灭火，甚至无法自保。每一次大火都是对消防救援队伍人员素质、车辆装备、组织指挥的考验。作为一名消防员，不仅要有良好的体能，还须要能够熟练地使用各类消防装备，不仅如此，还要熟悉辖区各类建筑、场所、危险源、公共消防设施等情况。最为重要的是，消防员必须有极高的战术素养，能够理解指挥员的战术意图，与周围战友配合作战。这不仅需要长期进行针对性的训练，还需要消防员有足够的火场经验。

消防小问答： 有群众在火灾现场发现消防员到现场后没有第一时间出水灭火，而是直接进入火场，这是为什么？

答：消防员到达现场后，直接进入火场是为了开展侦察活动，摸清被困人员位置，了解火灾蔓延方向，掌握燃烧物质的化学性质，等等。当摸清楚情况后，才能在灭火救援时采取正确的灭火战术，并在火灾蔓延方向上设置水枪阵地，避免火灾扩大和人员伤亡。如果第一时间出水灭火，大火遇水后会立即产生大量高温水蒸气和烟气，这些都可能会给被困人员带来危险，并不符合灭火救援"救人第一，科学施救"的指导思想。

二、消防应急救援篇

案例一：交通事故抢险救援

在某城郊接合部，一辆满载化学品的货车与一辆满载乘客的旅游大巴在交叉路口不慎相撞。发生事故时正值下班高峰，现场交通拥堵，情况危急。货车因撞击导致部分化学品泄漏，形成有毒气体云团，严重威胁到周边群众及救援人员的生命安全；而旅游大巴则侧翻在地，部分车窗破碎，乘客被困车内，呼救声此起彼伏。

首批到达的消防员迅速对现场进行安全评估，在确认化学品泄漏种类及危害程度后，立即启动应急预案，设置警戒线，疏散周围群众，并利用水幕或泡沫对泄漏源进行初步控制，防止毒气扩散。

随后，具备危险化学品处置及特殊救援技能的特勤队伍赶到现场。他们穿戴好专业防护装备，使用专用工具对泄漏的化学品进行安全转移和中和处理，同时监测空气质量，确保救援环境安全。

此外，针对旅游大巴的救援工作也在紧张进行。消防员利用液压剪扩器、切割机等设备对变形车体进行破拆，开辟救援通道（如图3-26）。在搜救过程中，救援人员保持高度专注，细心倾听被困者的声音，确保每一个生命都不被遗漏（如图3-27）。

获救的伤员立即接受现场初步医疗处理，在稳定伤情后，通过救护车迅速转运至医院进行进一步治疗。同时，消防部门与医疗机构保持密切沟通，确保救援链条的无缝对接。

图3-26 交通事故救援现场（一）

事故处理完毕后，消防部门还联合相关部门对事故原因进行深入调查，总结经验教训，完善应急预案。同时，加强对公众的安全教育，增强公众的交通安全意识和自我保护能力。

经过对以上案例的详尽剖析与图示的直观呈

图3-27 交通事故救援现场（二）

第三章 "一专多能"的消防救援队伍

现，我们可以更加深切地体会到消防交通事故抢险救援工作的艰巨挑战与重要性。唯有持续强化救援能力，深化跨部门间的协同合作，方能在发生紧急事故时，迅速且有效地守护人民群众的生命与财产安全。

消防小问答：当面对交通事故的突发情况时，怎样才能在紧张氛围中保持镇定，有效保护自己和他人？

答：首先，**请务必保持冷静**，迅速且细致地观察周围环境。无论事故如何紧急，情绪的稳定是行动的前提，此时深呼吸，评估是否存在引火源、燃油泄漏等潜在危险。若车辆尚能移动，请尽快将其安全驶离至应急车道或路边，以降低二次事故的风险。

其次，**立即开启车辆警示灯**，以警示其他道路使用者。同时，若条件允许，迅速拨打119（火警）、120（急救）及122（交通事故报警）等紧急电话，详细报告事故情况，包括地点、类型及受伤人数，确保救援人员能迅速响应。

再次，**关注自身安全，避免二次伤害**。检查自身是否受伤，利用安全带、座椅等物品作为防护。如果受伤部位可动，请避免过度移动以防伤势加重。车内如有急救包，可进行简单处理，如止血、包扎等。在确保自身安全的前提下，若有能力，请为其他受伤者提供必要援助。但请量力而行，避免冒险。当救援人员到达后，请遵循其指示行动。

最后，**保留事故相关证据**。通过拍照、录像或寻找目击者等方式收集证据，这对后续事故处理至关重要。同时，记录对方车辆的车牌号、驾驶员信息及保险公司联系方式，以备不时之需。

案例二：地震救援行动纪实

某市突发7.0级强烈地震，众多建筑物瞬间崩塌，道路损毁惨重，导致大量群众陷入困境。消防救援队伍闻讯后立即行动，迅速启动地震救援应急预案，集结精锐消防员及特种救援力量，火速奔赴灾区前线。

地震对城市造成了沉重打击，建筑物倒塌成堆，道路支离破碎，电力与通信系统瘫痪，交通彻底陷入停滞。同时，被困群众的具体位置尚不得而知，加之余震频发，为救援工作带来了前所未有的严峻挑战。

抵达灾区后，消防指挥员即刻与现场指挥部紧密协作，全面掌握灾情与被困人员状况。随后，他们依据实际情况精心策划救援方案，并科学调度救援力量。

消防员携带搜救犬、生命探测仪等，对建筑废墟展开地毯式搜索（如图3-28、图3-29）。同时，利用无人机进行空中侦察，精准锁定被困人员位置。面对道路断裂等重重障碍，消防员使用专业破拆工具清除路障，开辟出生命通道，并协调相关部门紧急调动工程机械抢修受损道路。

在发现被困人员后，消防员立即制订详尽救援方案，运用云梯车、担架等救援设备迅速将被困群众解救出来。随后，他们

图3-28 地震消防救援（一）

图3-29 地震消防救援（二）

第三章 "一专多能"的消防救援队伍

与医疗救护人员紧密配合，对获救人员进行初步救治，并根据伤情进行妥善安排。

在完成救援任务后，消防员还积极参与灾后重建工作，协助当地政府建立临时安置点，为受灾群众提供必要的生活援助。

此次地震救援行动充分展现了消防救援队伍的卓越应急响应能力与强大救援实力，为灾区人民送去了及时而有效的援助。

消防小问答：如何科学地应对地震灾害？

答：首先，熟悉自己所在环境的逃生路线和避难所位置是至关重要的。在家中，我们应提前规划好地震发生时的逃生路线，并设定一个家庭人员集合点，确保在地震后能迅速找到彼此。同时，了解社区内的避难所信息，以便在需要时能够迅速前往。

其次，当发生地震时，保持冷静并迅速行动是关键。如果身处室内，应迅速躲到桌子下、床下或其他坚固的家具旁，并用双手护住头部，以防被掉落的物品砸伤。若无法找到掩护物，应蹲下或趴下，尽量降低身体重心，减少被震倒的风险。切记，发生地震时避免使用电梯，以免因电梯故障或停电而陷入困境。

再次，地震过后还需注意防范次生灾害。地震可能引发火灾、水灾、山体滑坡等自然灾害，因此需密切关注周围环境变化，并采取相应的防范措施。一旦发现火源或闻到燃气泄漏的气味，应立即报警并撤离至安全地带。

最后，增强自我防范意识和应对能力同样重要。我们应积极参与地震应急演练和宣传教育活动，了解地震的危害及应对措施，提升自己的安全意识和自救能力。同时，通过阅读相关书籍、观看视频等方式，进一步学习地震逃生知识，提高自己的应对能力。

案例三：山岳"驴友"失踪救援

在某市郊外的山区，一群徒步者突遭恶劣天气侵袭，暴雨倾盆而下，导致能见度急剧下降，山路变得异常湿滑，行走困难。不幸的是，其中一名徒步者在行进中不慎滑倒受伤，并在茫茫山林之中失去了踪迹。

接到报警后，119作战指挥中心立即响应，迅速启动了山岳救援预案，调派了专业的消防救援队伍，携带了必要的装备与物资，紧急赶赴事发区域。

消防救援队伍抵达后，迅速与当地村民及向导紧密合作，深入了解地形与天气情况，并据此制订了周密的救援方案。面对山区通信不畅的难题，他们携带了便携式通信设备，以确保信息的畅通无阻。

在救援过程中，消防员沿着可能的行进路线展开了地毯式的搜索，同时利用无人机同步进行搜索，进一步扩大了搜索范围（如图3-30）。经过两天的艰苦努力，终于在一处山坡下发现了被困的徒步者，消防员利用无人机给被困人员送去食物和水，并喊话安抚其情绪，利用绳索和担架，将被困人员从山坡下吊升至安全区域后送往医院接受进一步治疗。

图3-30 山岳救援

本案例不仅充分展示了消防救援队伍在山野救援中的卓越能力与团队协作精神，也再次提醒我们在参与户外活动时，务必注重安全，做好充分准备，未雨绸缪，以策万全。

上述三个案例是消防应急救援的一个缩影，应急救援不仅需要考验消防救援队伍的救援速度，还对其专业技能和心理素质有很高要求。每一种灾害都可能危及群众的生命财产安全，消防救援队伍必须对各类事故都有相应的处置预案，平时多训练，才能真正做到战时少流血。近年来，为了应对各类频发的灾害事故，各级消防救援队伍经常性地组织包括地震、重大交通事故、洪

第三章 "一专多能"的消防救援队伍

涝等灾害的拉练演练和推演工作,持续加强人员培训。消防救援队伍现在是人才辈出,包括特种车辆驾驶员、直升机驾驶员、船舶驾驶员、冲锋舟舵手、救护员、潜水员等,能够适应各种灾害事故的应急救援。

消防小问答: 消防员腰带上通常会挂一根长绳子,这根绳子有什么作用?

答:绳子可以起到固定、吊升、防护等作用,广泛应用于高空作业、水域救援、地震救援、山岳救援、车祸救援等场景,是消防员的必备装备。消防防护装备如图3-31所示,其中包括腰带、绳子、滑轮等。

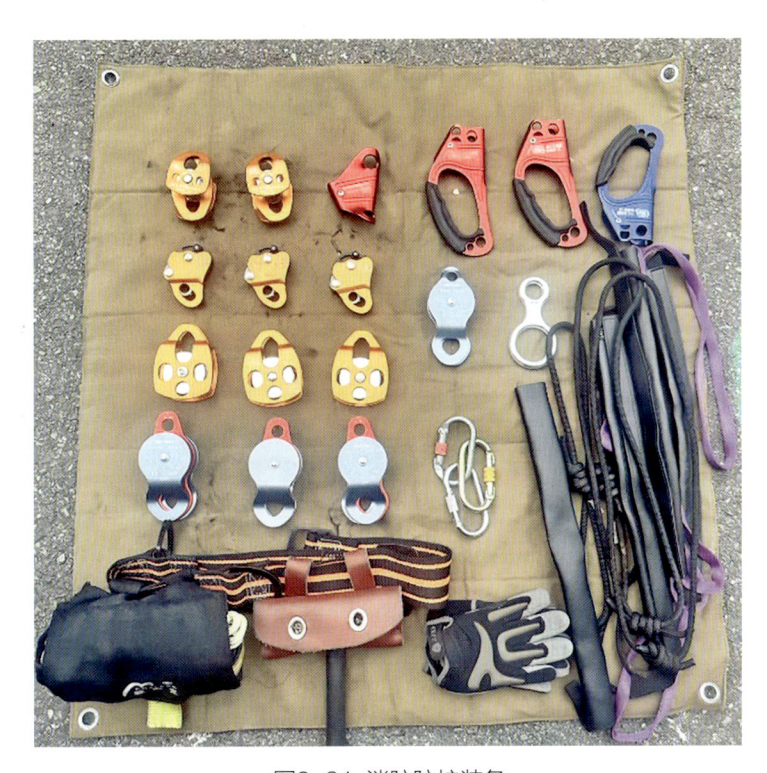

图3-31 消防防护装备

三、消防社会救助篇

案例一：居民区马蜂窝的安全摘取

在某居民小区内，居民发现在靠近住宅楼入口处有一处大型马蜂窝，严重威胁居民的人身安全。鉴于马蜂强烈的攻击性，居民无法擅自处理，随即向消防部门发出了求助信号。

消防救援队伍在接到紧急报警后，迅速响应并赶赴现场。他们首先与报警的居民进行了详细的沟通，以便全面了解马蜂窝的具体位置、规模及活动状态。在充分掌握情况后，消防员制订了周密的摘取方案，并穿戴好专业的防护装备，准备好必要的摘取工具。

为了确保周围居民的人身安全，消防员在行动前对附近的居民进行了有序的疏散，并设立了醒目的警戒线。随后，他们凭借专业的技能和谨慎的态度，利用专业的摘取工具逐步接近马蜂窝。在整个摘取过程中，消防员始终保持高度警惕，以防被马蜂攻击（如图3-32）。

经过一番紧张而细致的操作，消防员成功地将马蜂窝安全摘取下来，并将其迅速带离现场进行妥善处理。此外，他们还对摘取后的现场进行了全面的检查，以确保没有遗留的蜂群或其他潜在的安全隐患。

此次社会救助行动不仅展现了消防员在应对各类紧急情况时的专业能力和高效执行力，也彰显了他们为保障人民群众生命财产安全所付出的辛勤努力。

图3-32 正在摘取马蜂窝的消防员

第三章 "一专多能"的消防救援队伍

案例二：城市排涝

某市遭遇了罕见的暴雨侵袭，导致河水暴涨，多个社区不幸被洪水淹没。面对这突如其来的灾情，消防救援队伍迅速行动起来，紧急调配了橡皮艇、冲锋舟等救援设备，并立即深入灾区展开救援行动。

图3-33 消防员利用水泵排涝

在救援过程中，消防员积极协助被困群众转移到安全地带，确保他们的生命安全。同时，他们还为受灾群众提供了急需的食物、饮用水和临时住所，帮助他们在困境中渡过难关。大雨过后，消防员还利用消防水泵等装备对城市内涝积水进行清理（如图3-33）。

案例三：送水解困

某市遭遇连续高温干旱天气，城市供水系统遭受重创，部分居民区不幸陷入断水困境。随着断水范围的逐步扩大，居民的日常生活节奏被严重打乱，特别是老年群体、孕妇等，他们的生存状况更是岌岌可危。在此紧急关头，该市消防救援队伍迅速响应，果断启动应急预案，利用水罐消防车为群众送水，以解燃眉之急（如图3-34）。

图3-34 消防员利用消防车为群众供水

消防社会救助是指消防员在非紧急时期，积极向民众伸出援手，提供多样化的社会救助服务。这里所说的社会救助，是在非紧急情况下，面向全体社会成员实施的广泛且综合的援助行动，其涵盖范围广泛且深远，可能包括社区服务、灾害预防知识普及、日常生活支持等多个方面。通过这些社会救助措施，更有效地传递党和政府对民众的关怀。

消防小问答： 为何有时候拨打119要求摘除马蜂窝时，消防员不能迅速到达？

答：社会救助，作为消防员日常工作的延伸，不仅限于紧急救援，更旨在日常提升民众的安全感与生活品质。当您拨打119求助时，专业的接警员会仔细聆听你的描述，并据此评估事态的紧迫性。若情况尚未达到直接威胁生命安全的程度，接警员可能会根据任务优先级，先安排消防员处理更为紧急的救援任务。因此，当你身处困境，期待援手却未见消防员即刻出现时，请保持冷静与理解。他们可能正全力以赴于一场与时间赛跑的救援行动中。此时，请你耐心等待，给予他们足够的时间去挽救更多生命。同时，你也可以选择再次拨打119，以了解救援的最新进展或确认你的求助是否已被列为紧急响应的优先序列。

中国消防员一直坚持"有警必出"的原则，你经常可以在新闻上看到他们的身影，也许是在为某求助者取戒指，也许是在某救助者家里抓蛇，也许是在解救树上的小猫，也许是在井下救人，等等。随着消防救援队伍的发展，他们正由"一专多能"向"多专全能"发展。

本章中的这些案例，是笔者采访了多位消防员后，根据真实的灭火救援和社会救助事件所编写，所配图片是为了让读者更加直观地了解消防救援队伍是如何执行灭火救援和社会救助任务的，请读者朋友们不要对号入座，特此声明。

第四章 门类齐全的消防救援装备

随着我国社会经济的飞速发展，工业化和城镇化进程加快，高层、地下、大跨度大空间、大型综合体、异型建筑和易燃易爆单元大量涌现，消防救援队伍在改革转制后，为回应"全灾种、大应急"的现实需求，职能定位进一步拓展。面对传统和非传统致灾因素的交织叠加，国家综合性消防救援队伍作为承担防范化解重大安全风险、应对处置各类灾害事故主力军和国家队的作用日益凸显。特别是，近年来在应急管理部党委和驻地党委、政府的高度重视和大力支持下，队伍装备建设取得新跨越，新质战斗力实现增长极，但面对新形势、新挑战、新任务，装备建设仍旧重要和迫切。

本章参照《城市消防站建设标准》（建标152—2017）和《中华人民共和国消防标准汇编》，将消防救援装备分为**消防车辆**、**消防员个人防护装备**、**专业灭火装备**、**抢险救援装备**、**其他消防装备**五大类，以图文形式为读者展现门类齐全的消防救援装备。但鉴于装备的日新月异，种类日渐繁多，本章节所涵盖的装备种类、特征和功能难免有所局限。

第一节 消防车辆

提到消防车辆，绝大多数人的印象是整车涂装成红色，车顶装有警报灯的"特种大卡车"。却鲜少有人知道为什么国际上大部分消防车辆会选择涂装成红色。这是因为红色对人类的视觉系统来说是一种非常明亮且易于辨识的颜色，具有强烈的警示效果，可以使人们迅速注意到。同时，在可见光中红色光的波长最长，易穿过水层、灰尘、雨点和迷雾等。因此，红色的消防车辆即使行驶在浓烟、暴雨和大雾等环境中也十分醒目，行人和车辆看到后能及时避让，为出警节约时间。

说完消防车辆的外观颜色，我们再来说一下什么是广义上的消防车辆。其实，消防车辆是装备有多种消防救援器材的各类型机动车辆的总称，属于移动式灭火救援消防装备。《中华人民共和国道路交通安全法》将消防车明确为四类特种车辆之一，在执行紧急任务时，可使用警报器、标志灯具；在确保安全的前提下，不受行驶路线、行驶方向、行驶速度和信号灯的限制，其他车辆和行人应当让行。参照《城市消防站建设标准》（建标 152—2017），消防车辆划分为灭火类消防车、举高类消防车、专勤类消防车、保障类消防车、其他类消防车五类。

一、灭火类消防车

灭火类消防车是指主要装备灭火装置，可喷射灭火剂，用于扑灭各类火灾的消防车，一般有**水罐消防车、泡沫消防车、干粉消防车、压缩空气泡沫消防车、气体消防车、泡沫干粉联用消防车、高倍数泡沫消防车**等。下面介绍几种常见类型的灭火类消防车。

（一）水罐消防车

水罐消防车，顾名思义就是通过出水进行灭火，其储水量有大有小，一般基层消防站灭火时的首车就是水罐消防车。这种车要求灵活机动，能快速到达现场，所以其较常见的储水量为5吨，大型的水罐消防车主要用于后方供水。水罐消防车配备有消防水泵，消防水泵既可以抽水，也可以出水，其车顶一般配备大流量水炮（如图4-1）。

理论上，正常水压下一把喷嘴直径为19毫米的直流水枪流量为7.5升/秒。大多数情况下，一辆水罐消防车出2~3把水枪进行灭火作业，一方面确保火情能够控制，另一方面给后续供水提供时间。在水源充足的情况下，可以根据需要增加水枪。至于水炮，其要求的流量和水压都很大，水量消耗很大，一般适用于大型火灾现场作战。

（a）水罐消防车外观　　　　　　　（b）水罐消防车随车器材箱

图4-1 水罐消防车

（二）泡沫消防车

泡沫消防车在水罐消防车的基础上配有泡沫罐以及水，即泡沫混合系统等设备（如图4-2）。当然，这里所说的"泡沫"并非我们生活中传统认知的泡沫，而是一种特定的灭火剂，所以其使用的"枪"是专门的泡沫枪，它适用于扑救液体或可熔化的固体物质火灾。

（a）泡沫消防车外观　　　　　　　（b）泡沫消防车随车器材箱

图4-2 泡沫消防车

（三）压缩空气泡沫消防车

压缩空气泡沫消防车是指装备水罐和泡沫液罐，并通过压缩空气泡沫系统喷射泡沫灭火的消防车（如图4-3）。它的问世可谓是打破了"以水灭火"的传统观念。目前，国内的压缩空气泡沫消防车基本为压缩空气A类泡沫消防车，所以也常被称为A类泡沫消防车。其主要优势是扑救固体物质火灾时节约水资源，灭火效果相对于水更佳。

第四章 | 门类齐全的消防救援装备

（a）压缩空气泡沫消防车外观 　　（b）压缩空气泡沫消防车随车器材箱

图4-3 压缩空气泡沫消防车

二、举高类消防车

举高类消防车的优势在于"举高"和"举升"效能，是用于高空灭火救援、输送物资和人员的消防车。其分为**登高平台消防车**、**云梯消防车**、**举高喷射消防车**。三者长得很像，下面就逐一展示，帮助大家区分。

（一）登高平台消防车

目前，国内的登高平台消防车举升高度通常在28~101米（如图4-4）。它是通过举高臂架（梯架）的举升方式向高层建（构）筑输送消防员、灭火物资、被困人员和喷射灭火剂等（如图4-5）。

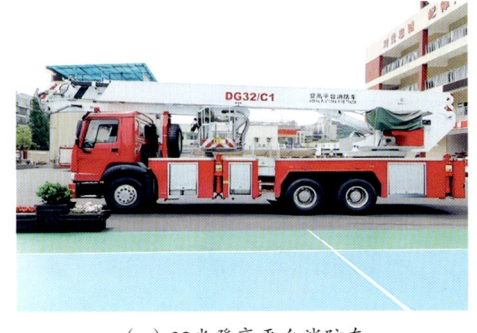

（a）32米登高平台消防车 　　（b）70米登高平台消防车

图4-4 不同举升高度的登高平台消防车

图4-5 登高平台消防车展开作业

（二）云梯消防车

目前，国内的云梯消防车举升高度通常在22~101米。云梯消防车的使用范围和用途与登高平台消防车类似，也是为了向高空输送消防员、灭火物资、被困人员和喷射灭火剂等，但其举升方式与登高平台消防车不同，它装备的是伸缩云梯（如图4-6）。

（a）云梯消防车在伸缩云梯　　　　　　（b）云梯消防车展开作业

图4-6 云梯消防车

第四章 | 门类齐全的消防救援装备

（三）举高喷射消防车

目前，国内的举高喷射消防车举升高度通常在16~80米。举高喷射消防车应该是举高类消防车中最不容易被大家错认的，这主要归功于它相对独特的外形和功能。其车身除装备直、曲臂外，还在顶端装有消防炮或破拆装置，可用于对石油化工装置、大跨度大空间、高层大型建（构）筑等实施灭火或破拆（如图4-7）。

（a）举高喷射消防车外观　　　　（b）举高喷射消防车展开作业

图4-7 举高喷射消防车

三、专勤类消防车

专勤类消防车是指担负除灭火之外的某种专项消防技术作业的消防车。它一般有**抢险救援消防车**、**排烟消防车**、**照明消防车**、**化学事故抢险救援消防车**、**防化洗消消防车**、**侦检消防车**、**消防通信指挥车**等。下面介绍几个常见类型。

（一）抢险救援消防车

抢险救援消防车算是基层普通消防站中"出勤率"最高的消防车了。它一般都装备有抢险救援器材、随车吊（吊臂）、绞盘和照明系统，所以在执行灭火任务时离不开它，处置抢险救援任务时更离不开它（如图4-8）。

(a）侧面 　　　　　　　　　（b）随车吊臂

(c）器材箱 　　　　　　　（d）部分随车抢险救援器材

(e）起重吊臂和照明灯展开

图4-8 抢险救援消防车

第四章 门类齐全的消防救援装备

（二）排烟消防车

排烟消防车是在灾害事故现场通过正（负）压排烟系统对现场进行排烟、通风的消防车（如图4-9）。

（a）排烟消防车外观 　　　　（b）排烟消防车开展排烟作业

图4-9 排烟消防车

（三）消防通信指挥车

消防通信指挥车类似于灾害现场的"大脑中枢"，因其具有无线通信、音视频会议、火场录像、扩音等功能，被广泛用于现场的通信联络和指挥（如图4-10）。

（a）消防通信指挥车外观 　　　　（b）消防通信指挥车展开

（c）内置的远程会议系统 　　　　　（d）内置的会议设备

图4-10 消防通信指挥车

四、保障类消防车

保障类消防车是指装备各类保障器材设备，为执行任务的消防车辆或消防员提供保障的消防车，一般有**供气消防车、器材消防车、供液消防车、供水消防车、自装卸式消防车、炊事保障消防车、宿营保障消防车、卫浴保障消防车、供电保障消防车、洗涤保障消防车**等。下面介绍两种常见类型的保障类消防车。

（一）供气消防车

消防员所使用的空气呼气器在静态下一般可为消防员供气约45分钟，但是在动态甚至剧烈运动时只能使用15~30分钟，所以供气消防车在灾害现场非常重要。它可以通过车载高压空气压缩机为消防员的气瓶源源不断地注入新鲜空气，以此满足消防员的需求（如图4-11）。

（a）供气消防车外观

第四章 门类齐全的消防救援装备

（b）供气装置 　　　　　　　　（c）供气消防车充气作业

图4-11 供气消防车

（二）炊事保障消防车

炊事保障消防车的主要作用是通过车载设备在各类灾害事故或勤务现场为消防员供应饭菜及饮用水（如图4-12）。

（a）炊事保障消防车外观 　　　　　　（b）炊事保障消防车展开

（c）炊事保障消防车内部"厨房" 　　　（d）厨师制作餐食

图4-12 炊事保障消防车

五、其他类消防车

有诸多消防车辆暂未被定义和分类，却又在消防救援中被使用，一般有**消防摩托车**、**远程大流量供水系统**、**强臂破拆消防车**、**隧道消防车**、**履带消防车**、**轨道消防车**、**水陆两用消防车**、**勘察消防车**、**宣传消防车**、**涡喷消防车**、**输转消防车**等。下面介绍远程大流量供水系统和强臂破拆消防车两种。

(一) 远程大流量供水系统

之所以将远程大流量供水系统称为"系统"，是因为其一般是由2~3辆消防车组成，它们通过车载吸水模块、增压模块、浮艇泵、增压泵、自行走机构、水带敷设装置等，向前方火场的消防车或大流量水炮输送压力不小于0.2兆帕、流量不小于200升/秒的水流，其输送距离可达几千米甚至十几千米。当然根据其特性也可以用于洪涝灾害现场的排涝（如图4-13）。

（a）水带敷设消防车作业（一） 　　（b）水带敷设消防车作业（二）

（c）泵浦消防车及取水机器人吸水取水（一） 　（d）泵浦消防车及取水机器人吸水取水（二）

图4-13 远程大流量供水系统

第四章 门类齐全的消防救援装备

（二）强臂破拆消防车

听强臂破拆消防车的名字就知道它一定"霸气十足"。其实我们可以将其理解为举高喷射消防车的破拆"进阶版"。它既可用前端的合成钢制"破拆头"对墙壁、屋顶等大型障碍物进行破拆，也可通过多功能炮头上配备的喷嘴进行灭火，同时还兼顾了起吊、举升等功能（如图4-14）。

（a）强臂破拆消防车外观　　　　（b）使用挖斗对火灾现场进行破拆

（c）强臂破拆消防车的不同"破拆头"

图4-14 强臂破拆消防车

第二节 消防员个人防护装备

在灭火战斗、抢险救援、社会救助等不同类型的灾害事故现场，消防员穿戴着样式不同、颜色各异的服饰装备，那么这些服饰装备对于消防员的作战行动和自我保护都有什么意义呢？依据《城市消防站建设标准》，将消防员个人防护装备分为基本防护装备和特种防护装备两类，共计53种。

一、基本防护装备

消防员虽说在各灾害现场犹如"神兵天降"，但说到底也是"肉体凡胎"，基本防护装备就是让消防员在事故处置中有效保护自身免受伤害而必须佩戴和使用的装备器材总称。其种类共计23种，下面介绍几种常规、常见类别。

（一）消防头盔

现代头盔样式基本源于古代武士头盔，消防头盔也是如此。我们可以根据外形大致将其分为全盔和半盔两种，两者均配有披肩，全盔侧重于对后脑和耳部的防护，半盔则更加灵活轻便，两者都可保护消防员的头部、面部和颈部免受热辐射及外力冲击（如图4-15）。

第四章 | 门类齐全的消防救援装备

（a）消防全盔（一） 　　　　　　（b）消防全盔（二）

（c）消防半盔（一） 　　　　　　（d）消防半盔（二）

图4-15 消防全盔和消防半盔

（二）灭火防护服

火场内瞬息万变，充斥着灼热、水蒸气、尖利物等，为更好地保护消防员，灭火防护服都会兼具一定的阻燃、隔热、抗湿以及防撕裂功能，一般与消防头盔、灭火防护头套、灭火防护靴和灭火防护手套一同使用。但是我们要明白的是穿戴这套装备并非意味着可以"无视"火焰侵蚀，因为"阻燃""隔热"并不是"不燃"（如图4-16）。

（a）灭火防护服上衣 　　　　　　（b）灭火防护手套

（c）灭火防护服裤子

（d）灭火防护靴

（e）整体外观

图4-16 灭火防护服

(三)正压式消防空气呼吸器

大家试想一下，在灾害事故现场，消防员因烟气或其他有害气体弥漫而无法进入内部灭火和救援，但险情又刻不容缓，那怎么办？此时，正压式消防空气呼吸器就可以"登场"了，它在为火场内消防员提供新鲜空气的同时，还能将他们的面部与外界环境隔绝。正压式消防空气呼吸器包括气瓶、背托、面罩、供气阀和气压计等部件（如图4-17）。

图4-17 正压式消防空气呼吸器

第四章 | 门类齐全的消防救援装备

（四）消防员呼救器

在各类灾害事故现场，消防员最不愿听到的就是消防员呼救器发出声音，因为这意味着可能有消防员倒下了。消防员呼救器在静止30秒后会自动发出高分贝求救信号，当然消防员在预测危险即将发生时也可采取手动强制开启报警。如果与单兵定位装置、消防员呼救器后场接收装置一同使用，可以让其他消防员更加快速、有效识别其具体方位，并采取救援行动（如图4-18）。现在，先进的消防员呼救器还配有高亮方位灯和通信等功能。

（a）消防员呼救器处于告警状态 　　　　（b）消防员呼救器处于正常状态

（c）单兵定位装置 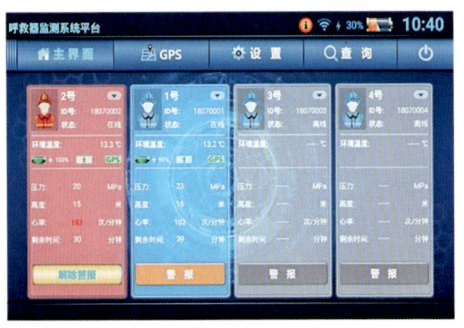　　　　（d）后场接收装置操作界面

图4-18 消防员呼救器、单兵定位装置及消防员呼救器后场接收装置

（五）抢险救援防护服

抢险救援防护服以橙黄色为主色并多处配有反光条，方便辨认。抢险救援中一般无须面对火焰侵蚀，所以相较于灭火防护服更加轻便、舒适，但同样具有一定程度的防静电、防撕裂和耐磨功能，多被用于建筑坍塌、狭窄空间和攀登等救援现场的身体防护，一般与抢险救援头盔、抢险救援防护手套、抢险救援靴、护膝、护肘和消防护目镜一同使用（如图4-19）。

（a）抢险救援头盔

（b）消防护目镜

（c）抢险救援防护手套

（d）抢险救援靴

（e）整体外观

图4-19 抢险救援防护服

二、特种防护装备

相较于基本防护装备的"基础性"和"普适性",特种防护装备则更强调"专业性"和"特定性"。例如,适合灭火救援的隔热防护服、避火防护服和降温背心等;适用于生化和核事故处置的二级、一级和特级化学防护服和核沾染防护服等;专业用于山岳救援的坐式半身、全身式安全吊带,通用安全绳和消防防坠落辅助装备等;用于水中救援的漂浮救生绳、水域救援防护服、水域救援头盔、消防用救生衣和潜水装备等。其种类多达30种,下面按照上述的粗略分类来进行介绍。

(一)隔热防护服

电影《烈火英雄》中,消防员旋转阀门的场景让很多人动容。剧中消防员的原型是大连新港"7·16"石油管线爆炸中的消防员桑某。他为关闭油罐阀门,进入火场后徒手转动阀门32 000圈,而在火场中桑某所穿着的银色服饰就是隔热防护服。隔热防护服可以保护消防员在靠近火焰作业时减少强热辐射的侵害。其从外型可分为分体式和连体式两种,一般与空气呼吸器配合使用(如图4-20)。

(二)避火防护服

相较于隔热防护服银色的"炫酷"外形,避火防护服的外形就显得有些"笨重"和"老土",但大家可不要因此就小瞧它,它可是能够经受住1 000℃火焰"炙烤"的,因此可以让消防员在短时间内拥有穿越"火线"和在火焰区作业的能力(如图4-21)。

(a)整体外观

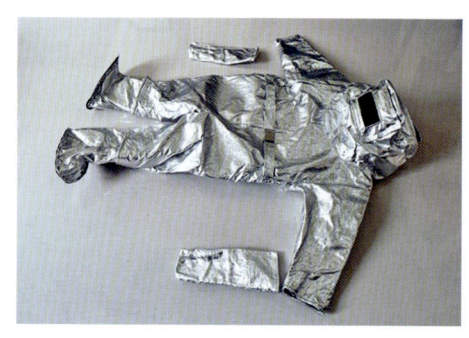

（b）正面　　　　　　　　　　　　　（c）背面

图4-20 隔热防护服

（a）避火防护服正面

（b）避火防护服外观背面　　　　　　（c）整体外观

图4-21 避火防护服

（三）化学防护服

我们将二级、一级和特级化学防护服放在一起介绍，从外形和颜色上可以区分这三种化学防护服。**二级化学防护服**为连体式，颜色为红色，背负空气呼吸器的方式为外置，适用于气态化学事故处置；**一级化学防护服**为全封闭连体式，颜色为黄色，背负空气呼吸器的方式为内置，适用于挥发性固态、液态化学事故短时间处置；**特级化学防护服**是连体式结构且密闭性强，无特定颜色，一般采用亮色（黄色、红色除外），背负空气呼吸器的方式为内置，适用于芥子气、生化毒剂等泄漏事故处置（如图4-22）。

（a）二级化学防护服　　　　　　（b）一级化学防护服

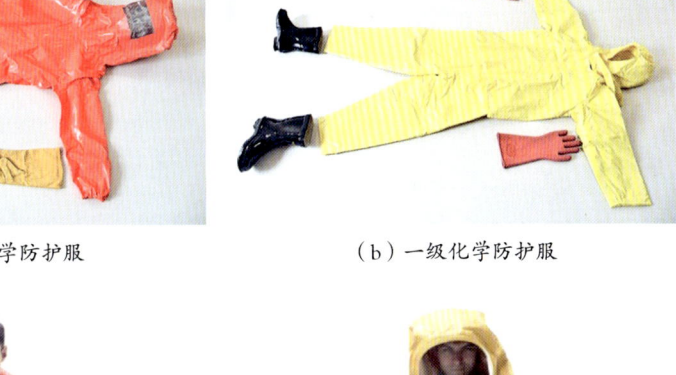

（c）二级化学防护服整体外观 　　　　（d）一级化学防护服整体外观

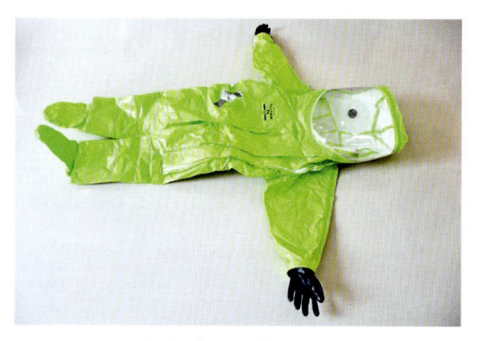

（e）特级化学防护服　　　　　　（f）特级化学防护服整体外观

图4-22 化学防护服

（四）消防防坠落辅助装备

消防防坠落辅助装备是与安全绳、安全吊带配套使用的承载部件统称。有了这套装备，消防员就可以像电影中的"蜘蛛侠"一样，在保证安全的前提下，在高空、山岳和狭小空间等地实施救援（如图4-23）。

（a）全身安全带　（b）10.5毫米静力绳　（c）右手上升器　（d）胸升上升器　（e）大单滑轮

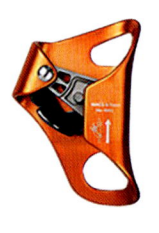

（f）45升绳包　（g）脚踏带　（h）护绳套　（i）6毫米辅绳　（j）胸式肩带　（k）右脚上升器

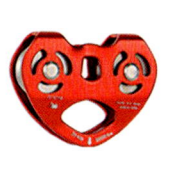

（l）D形丝扣锁　（m）O形钢锁　（n）35 kN八字环　（o）下降器　（p）心形滑轮　（q）防护手套

图4-23 部分消防防坠落辅助装备

（五）水域救援防护服

水域救援服从功能性上可分为干式和湿式两种，在价格上干式是湿式的3~5倍。从作用上来说，相比于湿式，干式因为可以完全隔绝消防员与水的接触，所以对消防员面临的失温、高水压、不明生物威胁和水污染能起到更强的防护作用。在综合考虑价格因素的情况下，基层消防站一般会两者兼配，同时配合激流救生衣、水域救援头盔和水域救援靴等一同使用（如图4-24）。

（a）干式水域救援防护服　　　　（b）湿式水域救援防护服

(c) 水域救援头盔 　　　　　　　　(d) 激流救生衣

(e) 水域救援手套 　　　　　　　　(f) 水域救援靴

图4-24 水域救援防护服

第三节 专业灭火装备

　　专业灭火装备除了大家日常了解的水带、分水器，还有消防枪、消防泵、消防梯、消防炮和灭火剂等，上述装备协同配合才能发挥专业灭火装备的最大效能。

第四章 门类齐全的消防救援装备

一、消防枪

通常消防员使用的直流消防枪喷嘴直径为19毫米，工作压力为0.35兆帕。也就是说消防车加压会使消防枪保持在3千克左右的出水压力。当然这个可不好玩的，因为抱消防枪是很累的！大家可以想象一下，一名消防员用双手抱住一支消防枪，其射程大概在15米远，如果再加压，那么一个人抱着消防枪就很吃力，这时候就要两名甚至更多消防员共同抱消防枪，如果抱不好或者站立不稳，不仅消防枪容易被打偏，还容易使消防员摔跤。常用消防枪如图4-25所示。

（a）直流消防枪 　　　　　　　　　（b）多功能消防枪

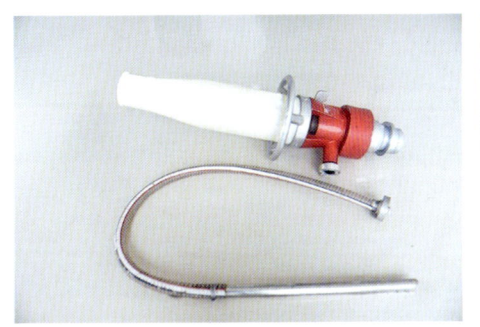

（c）泡沫消防枪 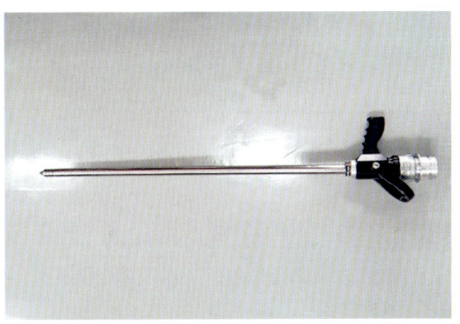　　　　　　　　　（d）刺穿式破拆消防枪

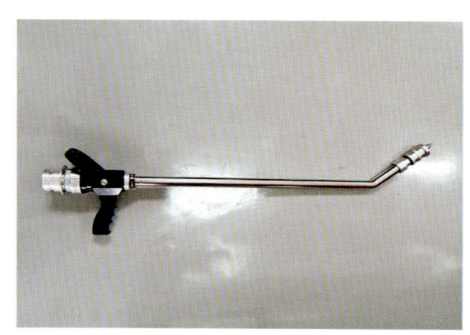

（e）转角消防枪　　　　　　　（f）水幕消防枪

（g）水幕消防枪出水画面
图4-25 常用消防枪

二、消防梯

基层消防站的消防梯种类很多，有伸缩梯、折叠梯、逃生软梯等，这些消防梯在不同的灾害现场发挥着登高、搭建进攻通道、疏散群众、搭建应急水池、构建警戒栅栏、支撑固定以及制作简易担架等作用（如图4-26）。

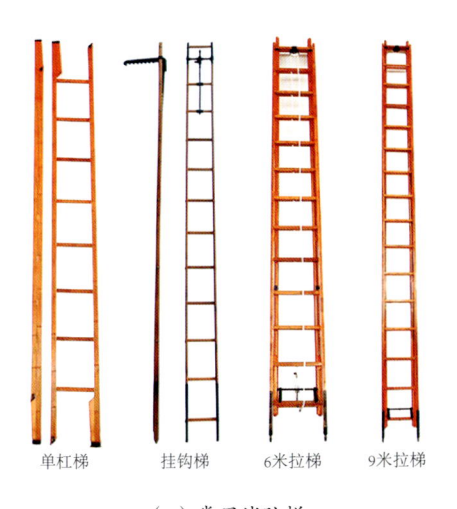

（a）常用消防梯 　　　　　　　　　（b）逃生软梯

单杠梯　挂钩梯　6米拉梯　9米拉梯

（c）15米金属拉梯（三节拉梯） 　　（d）15米金属拉梯（三节拉梯）展开画面

图4-26 消防梯

三、消防炮

消防炮是远距离扑救大型火灾的重要消防装备。它既可做到高效打击火点，又可帮助消防员远离火场，可以在一定程度上帮助消防员有效避免火场热辐射、爆炸和有毒气体的威胁，是基层消防站在灭火实战中相当重要的"武器"。常用消防炮如图4-27所示。

（a）车载式消防炮

（b）移动式遥控消防炮

（c）移动式自摆消防炮

（d）拖车式消防炮

（e）拖车式消防炮出泡沫画面

图4-27 消防炮

第四章 | 门类齐全的消防救援装备

第四节 抢险救援装备

相较于专业的灭火装备，抢险救援装备种类更加繁多，它们不仅仅会被应用于灭火战斗中，还被广泛使用在建筑坍塌、交通事故、危化品事故、山岳、水域和社会救助等救援现场中。我们一般将抢险救援装备分为侦检、警戒、救生、破拆、堵漏、输转、洗消、照明和排烟九类。下面介绍其中几种类型。

一、侦检类装备

基层消防站配备了多种侦检类装备，这些侦检类装备的原理多样，使用范围也各不相同，包括但不限于灭火、地震、水域、山岳等救援行动（如图4-28）。侦检类装备可以帮助消防员在救援时能快速了解灾害具体情况，让处置变得便捷高效，也为消防员自身安全增添了一份保障，可见侦检类装备在各项救援中的独特性和不可或缺性。

（a）多功能气体检测仪　　　　（b）风速测量仪

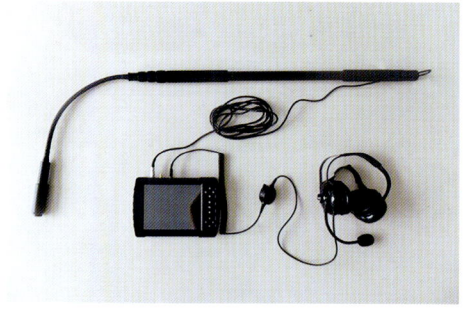

（c）音视频+红外生命探测仪 　　　　　　（d）音视频探头画面

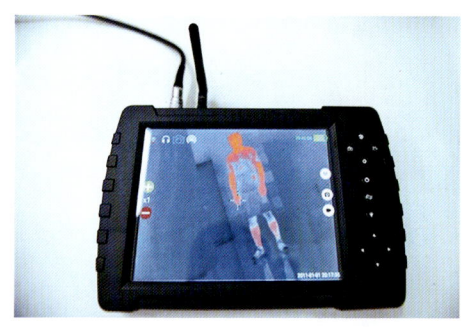

（e）红外探头画面 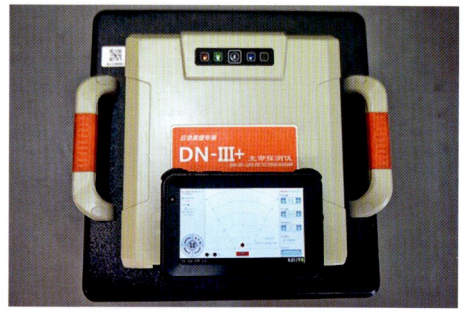　　　　　　　　　　　（f）雷达生命探测仪

（g）雷达生命探测仪操作界面 　　　　　　（h）消防用红外热成像仪画面

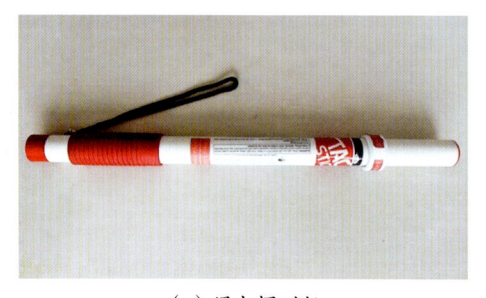

（i）漏电探测仪

图4-28 常用侦检类装备

二、警戒类装备

在各种灾害事故现场中，尤其是涉及高速公路救援、危险化学品处置、建筑坍塌救援等，为保护消防员以及周边群众安全，在处置过程中往往需要划定警戒范围，提示分割现场，保证安全距离，因此配备了常用警戒类装备（如图4-29）。

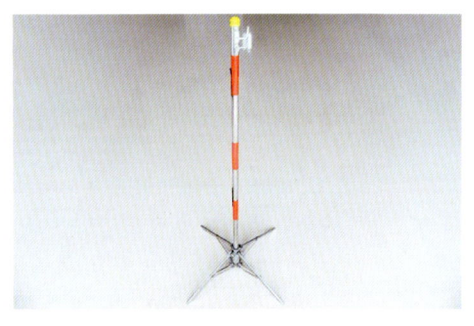

(a) 警戒标志杆

(b) 锥形事故标志柱

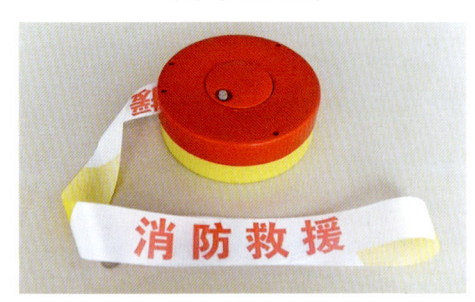

(c) 隔离警示带

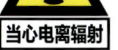

(d) 警告标志牌

(e) 闪烁警示灯

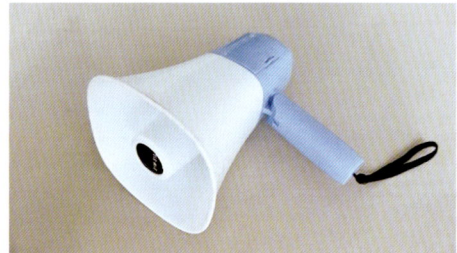

(f) 手持扩音器

图4-29 常用警戒类装备

三、救生类装备

"人民至上、生命至上"在消防救援队伍中从来都不仅仅是一句口号，消防员出警时的第一原则永远都是保护人民群众生命和财产安全，为此，在基层消防站配备了相当数量的救生类装备，目的就是能在第一时间营救被困群众（如图4-30）。

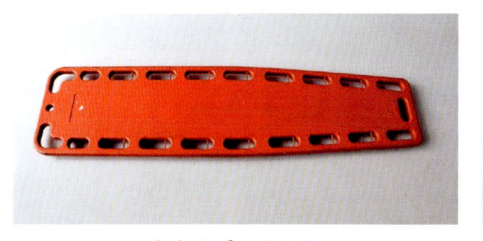

（a）伤员固定抬板

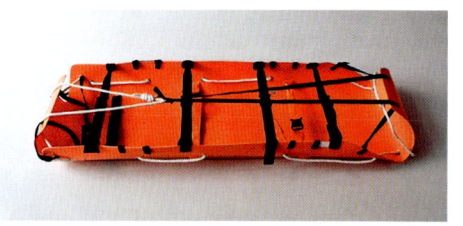

（b）多功能担架

（c）缓降器

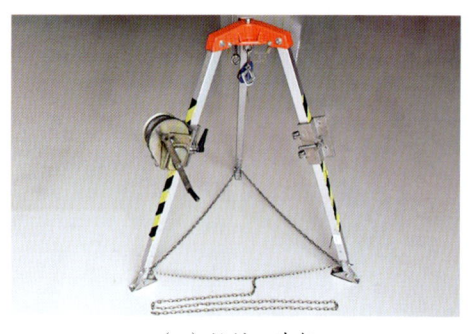

（d）救援三脚架

（e）救生抛投器

（f）救生照明线

第四章 门类齐全的消防救援装备

(g) 消防救生气垫　　　　　　(h) 气动起重气垫

图4-30 常用救生类装备

四、破拆类装备

在处置各类灾害时，消防员经常会遇到金属、木料制品以及各种石材等阻碍物，这些阻碍物会影响到整个救援行动。这时，消防员总不能"干看着"吧！此时当然要视情况"请出"我们的液压破拆工具组、机动链锯、凿岩机等破拆类装备。常用破拆类装备如图4-31所示。

(a) 液压破拆工具组　　　　　　(b) 机动链锯

（c）凿岩机

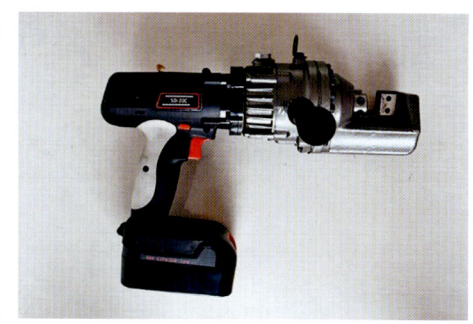

（d）钢筋速断器

（e）冲击钻

（f）无齿锯

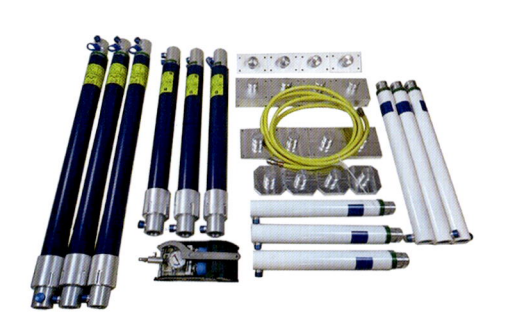

（g）重型支撑套具

图4-31 常用破拆类装备

第四章 门类齐全的消防救援装备

第五节 其他消防装备

前面已经为大家展示了诸多消防救援装备，但仍有相当数量的消防救援装备未被纳入，例如消防机器人、消防坦克、消防飞机和消防船艇等。这些非常规消防救援装备在一些特定事故灾害处置过程中能起到一定的决定性作用。

一、消防机器人

消防机器人在某些情况下可代替消防员进入浓烟、缺氧、高温、有毒、易燃易爆炸等高危险性灾害事故现场，进行侦察、灭火、排烟、数据采集等作业，以减少消防员的伤亡。根据不同功能，消防机器人可分为灭火机器人、排烟机器人、侦察机器人、无人机、救援机器人等（如图4-32）。

（a）灭火、排烟一体机器人　　（b）侦察、灭火一体机器人出水（一）

（c）侦察、灭火一体机器人出水（二）

（d）灭火、排烟、侦察一体机器人

（e）灭火、排烟、侦察一体机器人操作界面

（f）无人机

（g）无人机喷射干粉

（h）无人机投射灭火弹

图4-32 消防机器人

二、消防坦克

谈论起坦克，大家第一反应一定是在战场上能克敌制胜的"神兵利器"。不过，此"坦克"非彼坦克，说起我们消防救援队伍的"坦克"，那画风可就有点儿不太一样了……

目前，我国的消防坦克主要是由某型号主战坦克改装而成，可载员2人，载灭火药剂共计约5吨。消防坦克既具备了坦克的大功率性、高防护性、强通过性，又增加了推铲、清障、破拆、起重等功能，多被应用于城市化学事故处置、大型油田油井灭火和森林草原灭火等，因此在城市生活中我们很难见到（如图4-33）。

图4-33 消防坦克

三、消防飞机

消防飞机，顾名思义是担当"空中消防车"任务的飞机，它可以携带灭火剂和物资等前往起火区域进行喷洒、投放或开展被困人员的营救工作，它不像地面装备和消防员一样，需要频繁深入灾害中心。目前，世界上大部分国家都是使用水上飞机和直升机作为消防飞机（如图4-34）。

（a）大型水陆两栖消防飞机"鲲龙"AG600M

（b）直8系列消防直升机

（c）直8系列消防直升机灭火

图4-34 消防飞机

四、消防船艇

滨海国家或我国沿海、沿江城市往往会装备一些消防船艇，用于执行日常的消防巡逻、海上执法、灭火搜救等任务（如图4-35）。

第四章 门类齐全的消防救援装备

（a）消防橡皮艇　　　　　　　　　（b）消防冲锋舟

（c）"海消一号"消防船

（d）"浦消一号"消防船

图4-35 消防船艇

第五章
我们不知道的消防员

提及消防员，大多数人会觉得既熟悉又陌生，熟悉是因为大家基本都与消防员有过"一面之缘""一事之交"，可以十分形象地形容他们是绝境之中的一抹"生命橙"，是浓烟火海中的最美"逆行者"，是飞檐走壁、无所不能的"蜘蛛侠"，是守护生命财产安全的"保护神"。但是细细回想，这些都仅仅是对消防职业的认知评价，并不是消防员的真实写照。那么，究竟是怎样一群人让这个职业获得如此殊荣，令人如此感佩感念？在这一章节，就让我们一起走近消防救援队伍，深入了解消防员。

第一节 消防员的身份类别

经过数次体制变革、数年建设发展，我国的消防救援队伍已日益健全完善、发展壮大，消防员的职业类别也日趋多元化、精细化和专业化。

根据编制序列和身份属性，消防员可大致分为国家综合性消防救援队队员和专职消防员两大类。其中，**国家综合性消防救援队队员**是指国家综合性消防救援队伍中的人员，一般包含消防干部和消防员两类；**专职消防员**是指由政府或企业招聘、全职从事消防工作的人员，通常有政府专职消防员、消防文员和企事业单位专职消防员三类。下面，我们就一起来认识一下他们吧！

一、国家综合性消防救援队队员

国家综合性消防救援队队员是消防干部和消防员的统称。换一种角度说，只有这两类人员才是国家综合性消防救援队队员。那么，他们之间有什么区别呢？

消防干部，顾名思义，就是国家综合性消防救援队伍中的管理和指挥人员，属于行政编制（公务员），是指挥员，负责队伍管理以及灭火救援现场的**指挥协调**等工作。

消防员，是国家综合性消防救援队中的主要力量，**负责实施灭火救援行动**。他们通常具有行政编制，但定岗不定人，只要在职在岗，就能享受编制内的福利待遇。消防员实行全程退出机制，工作不满12年且需要安排退出的，将按规定给予补助；工作满12年且不满退休年龄的，由政府安排工作，根据本人意愿也可选择补助自主就业。消防员需要经过严格的体能、技能及心理素质训练，并具备应对各种复杂、多变和危险环境的能力。

二、专职消防员

政府专职消防员，是指由各级政府直接招聘、管理、保障，统一接受消防救援机构业务指导和指挥调派的消防员，是国家综合性消防救援队伍的重要补充，主要负责城市、乡镇等地区的灭火救援、抢险救灾等任务，同时配合参与消防安全检查、宣传教育等工作。绝大部分政府专职消防员属于合同制，还有少部分属于劳务派遣工，极个别地区会招聘少量有事业编制的专职消防员。在人员构成上，政府专职消防员通常设有指挥员、战斗员、驾驶员、通信员等岗位。

消防文员，是指在各级消防救援机构从事协助监督执法、消防宣传教育培训、党建政工财会审计、通信接警战勤保障等辅助性工作的人员。消防文员纳入人员指标控制统一管理，参照在编人员福利待遇，其工资待遇和日常经费由政府财政保障。

企事业单位专职消防员，是指由企事业单位自行招聘、管理、保障的消防员，主要服务于企事业单位内部，负责企事业单位的消防安全检查、消防器材的维护保养、消防演练的组织实施等消防安全工作。根据《中华人民共和国消防法》（简称"《消防法》"）第三十九条规定，生产、储存易燃易爆危险品的大型企业和储备可燃的重要物资的大型仓库、基地等，应当建立单位专职消防队。企事业单位专职消防员一般不具备事业编制，实行社会化管理，但享有企事业单位内部的福利待遇。

此外，我国还设有许多民间消防组织或志愿消防队伍，他们属于乡镇、机关、团体、企事业和村（居）民委员会根据需要建立的志愿承担本区域或本单位防、灭火工作的消防群体。

第二节 消防救援人员的职级衔级

大家都知道，我国现役军人有军衔，人民警察有警衔，海关官员有关衔，外交人员有外交衔。2018年，根据中共中央《深化党和国家机构改革方案》，公安消防部队、武警森林部队退出现役，成建制划归中华人民共和国应急管理部，组建国家综合性消防救援队伍。同样地，国家综合性消防救援队伍也具有用于表明身份、等级的称号和标志——消防救援衔，这也是我国五大职衔之一。消防救援衔是国家给予消防救援人员的荣誉。《中华人民共和国消防救援衔条例》规定，管理指挥人员消防救援衔设三等十一级；专业技术人员消防救援衔设二等八级，在消防救援衔前冠以"专业技术"；消防员消防救援衔设三等八级。下面，我们就来揭晓消防救援衔的"庐山真面目"。

第五章 我们不知道的消防员

一、管理指挥人员

管理指挥人员是干部身份，主要负责消防救援队伍的日常管理、训练和调度指挥，组织和实施灭火救援行动等任务。管理指挥人员消防救援衔设下列三等十一级。

1. 总监、副总监、助理总监

管理指挥人员消防救援衔等级中总监、副总监、助理总监的肩章标志式样如图5-1所示。

（a）总监衔肩章标志式样　　　　（b）副总监衔肩章标志式样

（c）助理总监衔肩章标志式样

图5-1 总监、副总监、助理总监衔肩章标志式样

总监衔标志由金黄色橄榄枝环绕一周金黄色徽标组成，徽标由五角星、雄鹰翅膀、消防斧和消防水带构成。总监为消防救援衔最高级，授予应急管理部正职，也就是应急管理部党委书记、部长。

副总监衔标志由金黄色橄榄枝环绕多半周金黄色徽标组成，徽标由五角星、雄鹰翅膀、消防斧和消防水带构成。副总监授予国家消防救援局正职，也就是国家消防救援局局长和政治委员。

助理总监衔标志由金黄色橄榄枝环绕小半周金黄色徽标组成，徽标由五角星、雄鹰翅膀、消防斧和消防水带构成。助理总监授予国家消防救援局副职，也就是国家消防救援局副局长、副政治委员和政治部主任。

2.指挥长：高级指挥长、一级指挥长、二级指挥长、三级指挥长

管理指挥人员消防救援衔等级中高、一、二、三级指挥长的肩章标志式样如图5-2所示。

（a）高级指挥长衔肩章标志式样

（b）一级指挥长衔肩章标志式样

（c）二级指挥长衔肩章标志式样

（d）三级指挥长衔肩章标志式样

图5-2 高、一、二、三级指挥长衔肩章标志式样

高级指挥长衔标志由四枚金黄色六角星花和两道金黄色粗横杠组成。高级指挥长授予总队级正职，包括各消防救援总队、森林消防总队和训练总队总队长和政治委员等。

一级指挥长衔标志由三枚金黄色六角星花和两道金黄色粗横杠组成。一级指挥长授予总队级副职，包括各消防救援总队、森林消防总队和训练总队副总队长、副政治委员和政治部主任等。

二级指挥长衔标志由两枚金黄色六角星花和两道金黄色粗横杠组成。二级指挥长授予支队级正职，包括各消防救援总队、森林消防总队和训练总队处长及各支队支队长、政治委员等。

三级指挥长衔标志由一枚金黄色六角星花和两道金黄色粗横杠组成。三级指挥长授予支队级副职，包括各消防救援总队、森林消防总队和训练总队副处长及各支队副支队长、副政治委员、政治部主任等。

3.指挥员：一级指挥员、二级指挥员、三级指挥员、四级指挥员

管理指挥人员消防救援衔等级中一、二、三、四级指挥员的肩章标志式样如图5-3所示。

（a）一级指挥员衔肩章标志式样

（b）二级指挥员衔肩章标志式样

（c）三级指挥员衔肩章标志式样

（d）四级指挥员衔肩章标志式样

图5-3 一、二、三、四级指挥员衔肩章标志式样

一级指挥员衔标志由四枚金黄色六角星花和一道金黄色粗横杠组成。一级指挥员授予大队级正职，包括大队长、大队政治教导员和支队科长等。

二级指挥员衔标志由三枚金黄色六角星花和一道金黄色粗横杠组成。二级指挥员授予大队级副职，包括副大队长、大队副政治教导员和支队副科长等。

三级指挥员衔标志由两枚金黄色六角星花和一道金黄色粗横杠组成。三级指挥员授予站（中队）级正职，包括站长和站政治指导员等。

四级指挥员衔标志由一枚金黄色六角星花和一道金黄色粗横杠组成。四级指挥员授予站（中队）级副职，包括副站长和站副政治指导员等。

二、专业技术人员

专业技术人员是干部身份，他们专注于消防救援技术的研究、开发和应用，以及消防设施的维护保养、火灾原因调查和分析等工作。与管理指挥人员消防救援衔相比，专业技术人员消防救援衔没有总监、副总监、助理总监这三级，其余与管理指挥人员一致。专业技术人员消防救援设下列二等八级，在消防救援衔前冠以"专业技术"。

（1）指挥长： 高级指挥长、一级指挥长、二级指挥长、三级指挥长。
（2）指挥员： 一级指挥员、二级指挥员、三级指挥员、四级指挥员。

专业技术人员按照下列职务等级编制消防救援衔：
（1）高级专业技术职务：高级指挥长至三级指挥长。
（2）中级专业技术职务：一级指挥长至二级指挥员。
（3）初级专业技术职务：三级指挥长至四级指挥员。

消防小问答： 你也许会发现，管理指挥人员和专业技术人员佩戴的消防救援衔完全一致，那么它们之间应该如何区别呢？

答：确实，管理指挥人员和专业技术人员在消防救援衔的佩戴上无异，它们之间的主要区别在于"领花"。领花整体造型为圆形，颜色为金黄色，由橄榄枝环绕交叉斧头、水枪、雄鹰翅膀和六角星花或原子符号组成，有六角星花的代表管理指挥人员和消防员，有原子符号的代表专业技术人员（如图5-4、图5-5）。

图5-4 管理指挥人员和消防员领花

图5-5 专业技术人员领花

三、消防员

佩戴消防员消防救援衔的人员在队伍改制转隶前是士官或义务兵，消防员消防救援衔设下列三等八级。

1. 高级消防员： 一级消防长、二级消防长、三级消防长

消防员消防救援衔等级中一、二、三级消防长的肩章标志式样如图5-6所示。

（a）一级消防长衔肩章标志式样 　　（b）二级消防长衔肩章标志式样

（c）三级消防长衔肩章标志式样

图5-6 一、二、三级消防长衔肩章标志式样

一级消防长衔标志由一枚金黄色徽标和三粗一细四道金黄色横杠组成。工作满24年的消防员晋升为一级消防长。一级消防长相当于军队中兵王，是消防员中的最高衔级。

二级消防长衔标志由一枚金黄色徽标和三道金黄色粗横杠组成。工作满20年的消防员晋升为二级消防长。

三级消防长衔标志由一枚金黄色徽标和二粗一细三道金黄色横杠组成。工作满16年的消防员晋升为三级消防长。

2.中级消防员：一级消防士、二级消防士

消防员消防救援衔等级中一、二级消防士的肩章标志式样如图5-7所示。

（a）一级消防士衔肩章标志式样 　　（b）二级消防士衔肩章标志式样

图5-7 一、二级消防士衔肩章标志式样

一级消防士衔标志由一枚金黄色徽标和二道金黄色粗横杠组成。工作满12年的消防员晋升为一级消防士。

二级消防士衔标志由一枚金黄色徽标和一粗一细二道金黄色横杠组成。工作满8年的消防员晋升为二级消防士。

3.初级消防员：三级消防士、四级消防士、预备消防士

消防员消防救援衔等级中三级、四级、预备消防士的肩章标志式样如图5-8所示。

（a）三级消防士衔肩章标志式样 　　（b）四级消防士衔肩章标志式样

（c）预备消防士衔肩章标志式样

图5-8 三级、四级、预备消防士衔肩章标志式样

三级消防士衔标志由一枚金黄色徽标和一道金黄色粗横杠组成。工作满5年的消防员晋升为三级消防士。

四级消防士衔标志由一枚金黄色徽标和一道金黄色细横杠组成。工作满2年的消防员晋升为四级消防士。

预备消防士衔标志为一道金黄色粗横杠。工作不满2年的消防员为预备消防士。

第三节 消防员的职务与岗位

在灭火救援战斗中,无论是国家综合性消防救援队伍,还是专职消防队伍,都是灭火应急救援的核心力量,每一个消防员岗位都承载着不可或缺的责任与使命。为了使消防员在灭火救援战斗中能更加密切协同、科学高效,他们就必须各担其职、各负其责,以便在发生灾害事故时迅速响应、有效处置。下面,简要介绍消防员的主要岗位职务。

一、消防员的职务

对于具备一定组织领导和管理能力、业务技能突出、群众基础良好的消防员,经选拔、培训可提任相应职务,协助队站干部开展执勤训练、队伍管理、组织指挥灭火救援行动等工作。消防员职务由高至低依次为:站长助理、分队长、副分队长、班长、副班长、消防员。提任副班长、班长、副分队长、分队长、站长助理职务的,应当在国家综合性消防救援队伍工作分别满2年、4年、6年、8年、10年。

二、消防员的专业类别和岗位

消防员的专业一般分为五大类，共40个岗位。

1.灭火救援类

灭火救援类的消防员主要承担灭火作战、抢险救援等任务，是消防救援队伍遂行各类应急救援任务的主要力量。

其岗位包括灭火救援员、消防车驾驶员、搜救犬训导员、消防船艇驾驶员、潜水员等。

2.通信类

通信类的消防员主要承担消防通信调度、通信装备器材维护修理、计算机操作应用与维护工作。

其岗位包括消防通信员、计算机系统管理员、无人机操作员等。

3.战勤保障类

战勤保障类的消防员主要承担各类物资管理、车辆装备器材维护、卫勤防疫、教学训练保障、宣传报道等工作。

其岗位包括营房维修工、炊事员、装备物资保管员、卫生员、司务长、宣传报道员、装备维护员、教学训练助教等。

4.航空类

航空类的消防员主要承担直升机维修维护、机场维修保养、航材保管等工作。

其岗位包括空勤保障员、地勤保障员等。

5.其他类

其他类的消防员主要承担警卫勤务、档案管理、保密及非执勤车辆驾驶等工作。

其岗位包括勤务员、驾驶员、保密员、消防员档案管理员、文书等。

在日常工作中，一名消防员往往身兼数职，有的消防员岗位是装备维护员，但也承担着灭火救援和无人机操作等工作，当队站里的驾驶员休假时，还要"客串"驾驶员，可谓"一专多能"。

第五章 我们不知道的消防员

消防小问答：

1.消防员的岗位是如何配备的呢？

答：通常消防员的岗位配备遵循"按编配备、专业对口、定岗定位"的原则，并按照初级、中级、高级消防员比例要求进行编配，以确保消防站管理条线清晰、层级岗位分明，任务分工明确、运行高效顺畅。

2.如果你是消防员的亲属，或者有消防员朋友，那么你一定听他讲过"1号员、2号员、3号员"吧，那么你知道其中的含义吗？

答：其实号员是一种任务分工的形式。消防救援队伍通常以"班组"为单位开展灭火救援行动，班组内一般设有班长、驾驶员、1号员、2号员、3号员。其中，1号员、2号员是水枪手，在指挥员的指挥下根据火场的变化情况，接近火点，射水灭火；3号员负责铺设干线供水水带和现场供水。但这种设置并非完全固定，会根据任务属性、火情趋势的变化进行灵活调整。

第四节 消防员的一天

"火一半水一半，热一半冷一半，这是消防员的工作！饭吃了一半，澡洗了一半，觉睡了一半，梦做了一半，这是消防员的生活！训练场一半，火场一半，生一半死一半，这是消防员的风采！"这是网络上热传的段子，略有点夸张，但确实是消防员真实的日常写照。

"红红火火、紧紧张张，分不清是笑中有泪还是泪中有笑！"这是一名工作12年的消防员老孙对职业的感悟总结，"红红火火是这12年所见所思的最多事物，紧紧张张是这12年坚定坚持的最佳状态，笑中有泪是在千万次训练中突破自我战胜自我的激动，泪中有笑是在拼尽全力背负被困群众脱离险境后的欣喜……"

下面，我们就跟随这名有着12年消防经历的消防员一起来观摩体验消防员的一天。

起床

清晨6时20分，随着两声短促有力的哨声和一声干脆清亮的"起床"号令（如图5-9），消防员的一天正式开启了。全体消防员掀被起床、迅速着装，奔向操场。

老孙介绍："在消防站，哨声和警铃就是命令，不管你在哪里、在做什么，都要迅速停下，听从指令，服从命令，起床最多只有10分钟，容不得拖泥带水。"

图5-9 值班员吹哨

出操

5分钟后，所有消防员已经在操场列队完毕，在清查人数、整队报告后，老孙开始组织大家出早操（如图5-10）。

"除休息日和节假日外，消防站通常每日出早操，时间一般为30分钟，主要进行体能训练或队列训练。此外，结合早操，每周还随机进行一次着装、仪容和个人卫生检查。"值班副站长在早操后介绍道。

（a）晨跑　　　　　　　　（b）列队训练

图5-10 早操训练

整理内务

上午7点整，早操结束后，消防员陆续开始洗漱、整理内务和清洁室内外卫生：被子被叠成"豆腐块"、白床单被铺平整（如图5-11），毛巾、脸盆、水杯等物品被整齐划一摆放，其他物品有序归位、恢复常态。

副班长一边检查内务卫生一边说："消防队伍前身是军队，就是要通过整理内务，将军人严谨的作风融入生活的方方面面，从点滴之间养成习惯。"

图5-11 整理内务

开饭

上午7时30分,老孙按时吹响哨子,"哔——,哔——,开饭!"消防员在食堂门前列队,老孙开始领唱"团结就是力量,预备——唱!",队员唱完后依次进入食堂吃早餐。

"这边是牛奶、稀饭,那边是面条、包子和鸡蛋。消防员每天训练、出警后体能消耗大,营养必须要跟上,这都是战斗力的来源保证!"司务长指着一大早的工作"成果",满脸的成就感。

检查装备

早饭结束后,驾驶员将车辆驶出车库,对车辆进行检查维护,其他消防员将随车的各类装备器材取出开始检查、测试和维护(如图5-12)。

老孙再次打开了话匣子,"这些装备器材是我们的战友,与我们一道并肩作战,所以我们平常对它们十分爱惜,每天的常规是在早晚各检查一

图5-12 车辆装备维护

次,平时出警回来,也要对装备器材的水、电、油、气等进行检查维护,对损耗物品进行及时更换,为下次出警做好准备!"

操课

根据消防员操课内容,一般会提前制订操课表,就像上学时的课程表一样,每天上什么课、练什么内容都一目了然。消防员的训练科目繁多,不仅要集中训练队列、体能、技能等,还要根据岗位进行分训(如图5-13)。

操场上,整队报告结束后,站长下达了今日的训练科目:"科目是一人三盘水带连接操,方法……,目的……"操课正式拉开帷幕(如图5-14)。

经向站长了解,消防队伍在操课前,会根据科目内容提前做好相关训

第五章 我们不知道的消防员

练和安全防护准备。操课时，一般采取边操作、边讲解、边训练、边提高的方式，在反复练习中将相关训练科目、装备操作技巧练成行为习惯，让队员间形成默契。操课期间一般每小时会休息10分钟。操课结束后，要检查装备器材，清理训练场，然后集合整队，最后进行操课讲评。讲评结束后稍作休整，就到午餐时间了。

（a）体能训练（一） 　　　　　（b）体能训练（二）

（c）技能训练（一） 　　　　　（d）技能训练（二）

图5-13 消防员训练掠影

我们有幸参与体验了一人三盘水带连接操，结果用时37.8秒，另外还有两个水带接口脱口，而当我们信心满满地问站长成绩如何时，站长仅用4个字就作出了精准评价——一塌糊涂！后来我们才知道，一人三盘水带连接操要求消防员必须在15秒内就完成规定动作（通常20秒内才算及格），并且在

图5-14 一人三盘水带连接操训练

操作过程中不得出现水带接口脱口、卡口，不得出现未接上水枪就冲出终点线，不得出现防护装备掉落、未及时纠正等错误情况。

消防小问答： 什么是一人三盘水带连接操？

答：一人三盘水带连接操是消防员技能训练中最基础的科目之一。在长58米，宽2.5米的平地上，标出起点线和终点线。在起点线前1米、1.5米、8米、13米、33米处，分别标出器材线、分水器拖止线、水带甩开线、甩带线和甩带线（如图5-15）。在器材线上放置水枪1支（放置方式不限，任何部分不能超过放置线）、65毫米水带三盘（长度为20米±0.5米，双卷立放；两接口相距10~15厘米，朝正前方，不能触地，与起点线相齐）、分水器1只（任一出水口朝正前方，与起点线相齐）。

操作人员携带水枪在起点线后1米处立正站好。听到"各就各位"口令后，操作人员向前一步到达起点线。听到"预备"口令后，操作人员做好操作准备。听到"开始"口令后，操作人员迅速向前，完成三盘水带与分水器、水枪的有效连接，形成供水线路，并冲出终点线喊"好"。

注意：第一盘水带必须甩至8米处的水带甩开线；所有水带不应超出甩带线或出现360°扭圈；分水器不能拖出分水器拖止线。

有兴趣的读者可以就近到消防站去体验一下，看看你的成绩是多少。

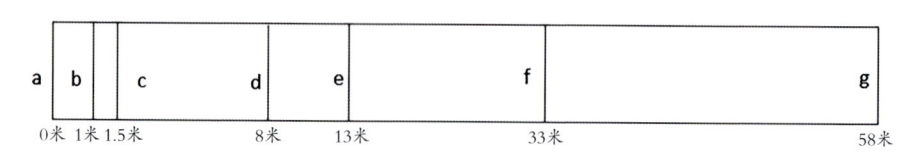

a	b	c	d	e	f	g
0米	1米	1.5米	8米	13米	33米	58米

a—起点线；b—器材线；c—分水器拖止线；d—水带甩开线；e、f—甩带线；g—终点线

图5-15 一人三盘水带连接操线位示意图

第五章 我们不知道的消防员

▍午休

午餐后进入午休时间，除执勤和经批准执行其他任务的人员外均需卧床休息，保持肃静，不得进行其他活动，更不得私自外出或影响他人休息。午休结束后，开展下午的操课。

▍出警

在下午的操课中，站长正在训练场向消防员讲解"百米梯次进攻操"的方法要领和注意事项，突然"丁零零、丁零零——"的警铃响起，当我们还在愣神时，站长和消防员已经飞奔进入车库，开始换装准备出发。从警铃响起到换装登车，再到驶离车库，他们仅仅用了38秒，我们被震惊了！

"警铃就是发令枪，一旦响起就意味着我们开始了与时间的赛跑。火场瞬息万变，最重要的就是在火灾初起阶段将其控制。争分夺秒就位是为了能早到场、早救援、早控制、早扑灭，最大限度地降低火灾导致的财产损失和人员伤亡。一般情况下，消防队从接警到消防员出警的时间，白天不超过45秒，晚上不超过1分钟。"站长在消防车上向报警人了解基本情况后向我们介绍道。

"今天是一起农村居民住宅火灾，距离大约20千米，据了解目前没有人员被困。到场后1号车负责架设水枪阵地，快速控制火势并扑救，2号车负责现场供水和疏散警戒。一会儿进入乡道，山路崎岖、道路狭窄，驾驶员要注意行车安全……"短短1分钟，站长已经对灭火任务进行了分工部署。

图5-16 灭火现场图

到达现场后，消防员根据站长部署迅速展开行动，大火很快被扑灭（如图5-16），队伍清理器材后撤离归建。

课外活动

出警归来时,已错过规定的用餐时间,在返回途中站长已提前安排司务长准备饭菜,消防员在清理维护装备器材后开始用餐。

晚饭后就是课外活动时间,通常每周一、三、五的课外活动时间会安排"一对一帮扶加练",健身房和训练场就成了整个消防站最热闹的地方,周二和周四晚上的课外活动时间由消防员自行支配,但不得随意外出。

当天是周三,但下午出警了,所以站长决定利用课外活动时间开展战评总结,对当日火灾扑救情况进行复盘分析,查找不足,以利再战(如图5-17)。

图5-17 战评总结会

图5-18 点名

点名

晚上9点,消防站开始点名(如图5-18),主要是清点人员,讲评当日工作,宣布次日工作和传达工作指示等。通常消防站每日点名,休息日和节假日也必须点名。点名由主官组织实施,每次不超过15分钟。

就寝

点名结束后,消防员便再次进行装备器材检查维护,并着手做好更衣洗漱、放置衣物装备等就寝准备。晚上10点整,老孙会再次吹哨发出熄灯信号,除值班执勤人员外全部就寝。通常休息日和节假日的前一日可推迟就寝,但推迟时间不得超

第五章 我们不知道的消防员

过1小时。

熄灯后，我们与站长、老孙再次进行了简单交流后准备离队，结束这虽然繁忙但大开眼界的一天。正当车辆驶出营区的时候，警铃再次响起……就在这一刹那，我恍然间明白了"没有什么岁月静好，只是有人在为你负重前行！"这句话真正的含义，我内心默默祈祷：愿所有消防员每一次出警都能平安归来！消防员出警如图5-19所示。

在本书中，我们已为大家详细地介绍了消防员的训练和工作。为了让读者朋友全方位地了解消防员的日常生活，观摩结束后我们又多次与老孙联系，老孙陆续传来了一些消防员日常生活照片，下面让我们一起来看看这些照片（如图5-20）。

图5-19 出警

（a）玩桌式足球 　　　　　（b）听讲座

（c）打排球 　　　　　（d）拔河比赛

（e）聚餐　　　　　　　　　　　　　　（f）下棋

图5-20 消防员的日常生活

第五节 如何加入消防救援队伍

一、如何成为国家综合性消防救援队伍消防员

国家综合性消防救援队伍消防员招录由人力资源社会保障部、应急管理部主管，应急管理部统一组织实施，一般于每年夏季招录。国家综合性消防救援队伍各总队联合应急管理等厅（局）成立省级消防员招录工作组织，负责招录具体工作。

招录人员基本条件：

（1）具有中华人民共和国国籍。

（2）遵守宪法和法律，拥护中国共产党领导和社会主义制度。

（3）志愿加入国家综合性消防救援队伍。

（4）年龄为18周岁以上、22周岁以下。

（5）具有高中以上文化程度。

（6）身体和心理健康。

（7）具有良好的品行。

（8）法律、法规规定的其他条件。

大学专科以上学历人员、解放军和武警部队退役士兵、具有2年以上灭火救援实战经验的政府专职消防员和政府专职林业扑火队员，年龄可以放宽至24周岁；对消防救援工作急需的特殊专业人才，经应急管理部批准，年龄可以进一步放宽，原则上不超过28周岁。

消防员面向社会公开招录，主要从本省级行政区域常住人口中招录，根据需要，也可以面向其他省份招录。

新录用消防员将参加为期1年的入职训练。入职训练3个月内，按照《国家综合性消防救援队伍消防员招录"三复"工作规范（试行）》组织开展政治考核复查、体格检查复检、心理测试复测。健全重点观察、专项体检、加压测试、病例调查等隐性病发现验证机制，将腰椎间盘突出、半月板损伤、韧带损伤、强直性脊柱炎等影响从事消防救援工作的疾病纳入体格检查复检范围。复查、复检、复测不合格的，以及存在不适宜从事消防员救援工作情形的人员，取消其录用资格，予以淘汰退出。对录用后未报到，或入职训练2个月内退出的，从公示的待补录人员中按排名顺序补录。

复查、复检、复测合格的人员，签订入职训练协议，明确其权利和义务，办理录用备案手续。入职训练期满考核不合格的，或者有其他不适宜从事消防救援工作情形的人员，取消录用。

新录用消防员工作5年（含入职训练期）内不得辞职，非正当原因擅自离职的，此后不得再次参加消防员招录，并记入相关人员信用记录。入职训练期间非正当原因擅自离职的，须退还个人工资，补缴体格检查复检费、训练伙食费等。

重点提醒："国家综合性消防救援队伍消防员招录"（https://xfyzl.119.gov.cn）是**全国唯一官方平台**，大家要擦亮双眼，谨防上当受骗。

二、如何成为国家综合性消防救援队伍干部

成为国家综合性消防救援队伍干部的途径一般有以下两种。

一是参加中央机关及其直属机构录用公务员考试，但并不是每年都招录。招录人员一般为以下三类，分别是普通高校应届毕业生、军队服役5年（含）以上高校毕业生退役士兵、具有消防救援实战经验的大学生消防员。报考人员除具备中央国家机关公务员基本报考条件外，还需满足消防救援岗位所需的其他条件，具体招录信息可以留意应急管理部网站上的公告。

二是参加普通高等学校招生全国统一考试（高考），被中国消防救援学院录取。该院校招生类型属于本科提前批，招考条件与军队院校类似。毕业当年，符合国家综合性消防救援队伍干部招录资格条件的，可参加中央机关及其直属机构录用公务员统一考试。根据干部招录计划，按照属地原则和培养方向报考生源地省份相应总队招录职位，通过规定考录程序择优选拔录用为干部（比例较高）。未能录用为干部的，可按培养方向到生源地省份相应总队当消防员；不愿到队伍当消防员的，按普通高等学校毕业生自主就业。

消防小问答：中国消防救援学院在哪儿？是军校还是警校？

答：中国消防救援学院位于北京市昌平区南雁路4号，校园占地面积约73万平方米。该学校既不是军校，也不是警校，而是应急管理部直属的高等院校，是国家综合性消防救援队伍的重要组成部分。中国消防救援学院的前身是1978年9月成立的黑龙江省武装森林警察总队教导队，历经武警森林警察学校、武警森林学校、武警森林指挥学校、武警警种指挥学院、武警警种学院五个发展时期。2018年9月，按照中共中央深化跨军地改革决策部署，整合原武警警种学院与原公安消防高专力量和资源，以原武警警种学院为基础，组建中国消防救援学院，并于同年12月挂牌成立。该学院主要承担国家综合性消防救援队伍初级指挥员培养；干部学历教育、继续教育、在职培训；应急管理和消防救援科学技术研究、决策咨询及相关交流合作工作；参加重大应急救援机动增援任务。

第五章　我们不知道的消防员

三、如何成为政府专职消防员和消防文员

政府专职消防员和消防文员招录一般由国家综合性消防救援队伍各总队负责指导、监督和管理，由各支队级单位统一组织实施。其招录基本条件、招录程序等与国家综合性消防救援队伍消防员大致相同（部分地区在年龄、学历等方面的要求存在一定差异），须以属地消防救援支队发布的政府专职消防队员和消防文员招录公告为准。一般情况下，属地消防救援支队会提前在官方微信公众号（公众号命名通常为"XX消防"或"XX消防救援"）发布招录公告，敬请留意关注。

四、企事业单位专职消防队伍

企事业单位专职消防队伍由相关企事业单位结合单位实际情况自行确定招录人数、条件、程序和待遇等，相关事项均以发布的招录单位招录信息为准。

消防小问答：如何预约参观消防站和消防科普教育基地？需要支付费用吗？

答：消防站和消防科普教育基地属于公益性质，参观者不需要支付任何费用。目前，全国正在创建统一的消防站和消防科普教育基地预约程序，待创建成功后可实现在线预约。在此之前，参观者可通过电话或公众号留言的方式，向属地消防救援支队进行咨询和预约。

第六章 我们身边的消防安全工作

火灾是人们生活中常见的灾害之一，它不仅给人们的生命财产带来巨大损失，更对社会稳定和安全造成严重威胁。消防安全工作对于预防火灾的发生和减少火灾的危害具有重要意义，是我们当前提升社会抵御火灾能力，维护消防安全形势平稳的重要手段。本章我们将着重对消防安全管理、生活中常见火灾隐患、社会消防从业人员等内容进行探讨，带大家一起了解我们身边的消防安全工作。

第一节 消防安全管理

2013年10月11日凌晨2时许，北京市石景山区苹果园南路某商场发生火灾（如图6-1），过火面积共计3800余平方米，火灾造成直接财产损失估算值为1308.42万元，灭火过程中有两名消防员牺牲。

具体经过： 2013年10月11日凌晨2点49分，某商场内的麦当劳送餐用电动自行车充电时起火，首先发现险情的值班店长和一名员工既未处置火情，也未第一时间提醒顾客疏散，而是从店里惊慌跑出，自行离去。

图6-1 石景山区苹果园南路某商场火灾现场图

第六章 | 我们身边的消防安全工作

当餐厅里的烟雾已经很大时，留在餐厅里的顾客们才惊觉险情，开始陆续逃离餐厅。不到2分钟，整个餐厅已经完全被浓烟笼罩。此时消防控制室里的火灾自动报警系统开始报警，一名值班人员起身按了一下消音键，又回到了座位上。2分钟后，火灾自动报警系统再次报警，值班人员又再次消音，坐下继续打游戏。凌晨3点1分，商场消防控制室内，突然有大面积的报警灯闪烁起来，显示火势已经大范围蔓延，这名值班人员这时才停下手中的游戏。

发生如此大范围的报警，值班人员应立即启动商场的自动喷水灭火系统，保护还没有起火的区域和楼层，但值班人员并未这样做，而是在翻看并研究操作说明书。后来又跑进来两名值班人员，但他们同样手足无措，没有人启动自动喷水灭火系统。

由于在火灾初起阶段现场人员没有采取任何灭火措施，大火很快从麦当劳烧到了商场的外面，并沿着整个外立面的广告牌迅速蔓延到整座大楼。商场外的监控录像显示，凌晨3点13分，当第一批消防车赶到的时候，整座楼已经形成了从内到外、自下而上的立体燃烧。经过近9个小时的努力，大火终于被扑灭。火灾过后，该商场的相关责任人因重大责任事故罪受到刑事处罚。

在该案例中，我们可以看出，该商场的消防安全管理存在严重缺失。起火时麦当劳值班店长及员工没有采取任何措施，只顾自己逃离，说明该麦当劳未对员工进行培训，没有应急预案且未开展消防演练；该商场消防控制室值班人员在火灾自动报警系统报警后，未告知巡查人员到现场确认火警情况，仅仅将报警主机的警报声音关闭，说明消防控制室值班制度落实不到位；火灾在短时间内迅速扩大，自动喷水灭火系统未起到应有的作用，说明该商场对消防设施维护管理不到位；消防控制室值班人员在接到大量报警信号确认发生火灾后，不会操作消防设施，说明该商场对消防控制室值班人员培训不到位，应急预案和演练工作开展不到位，消防控制室值班人员的管理不到位；最后火灾通过外立面广告牌迅速蔓延，说明该商场发现消防安全隐患和消除隐患的能力不足，消防安全管理人履职不到位。

通过分析我们发现，这起看似偶然的事故实则是各种因素积累到一定程度的必然结果，究其原因，其实是单位消防安全管理缺位，各层级消防安全职责履行不到位所导致。由此可见，正确的消防安全管理是消除火灾隐患、避免发生火灾的主要途径。

一、消防安全责任人和消防安全管理人

所谓管理，无非就是"管人"和"管事"，消防安全管理也不例外。所谓"管人"，就是明确各岗位的消防安全职责确保被管理人履职到位。所谓"管事"，一方面是发现并整改单位存在的火灾隐患；另一方面是确保单位的消防设施完好有效，能发挥相应的作用。"管人"和"管事"相互依存、相互促进，共同构成了单位的消防安全管理体系。

为了实现管理目标，**首先必须建立管理团队，而消防安全责任人和消防安全管理人就是管理团队的核心**。国务院办公厅发布的《消防安全责任制实施办法》（国办发〔2017〕87号）规定：法定代表人、主要负责人或实际控制人是本单位、本场所消防安全责任人，对本单位、本场所消防安全全面负责。消防安全重点单位应当确定消防安全管理人，组织实施本单位的消防安全管理工作。简言之，消防安全责任人全面领导单位的消防安全工作，而管理人负责具体组织实施，他们的关系类似于单位主要负责人与分管具体工作的负责人之间的关系。当然，一些较小的单位不需要单独设置专职消防安全管理人，但消防安全管理工作仍需由单位消防安全责任人负责实施。

消防安全责任人和管理人作为单位消防安全管理的核心，应当熟悉单位的消防安全状况，具备相应的消防安全知识。某单位消防安全责任公示牌如图6-2所示。单位的火灾危险性越大，对管理者的要求就越高。管理者需要了解单位的火灾风险，建立完善的消防安全管理制度，分岗

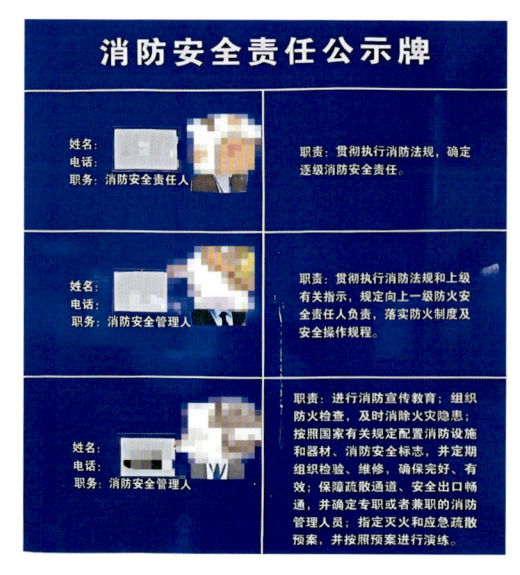

图6-2 某单位消防安全责任公示牌

位对员工进行培训，开展日常巡查检查工作，定期维护和检测消防设施，制订应急预案并定期开展演练，发生火灾时还需要组织初起火灾扑救和人员疏散。管理者能力不足或者玩忽职守，都可能导致严重的火灾事故。

二、消防安全管理的实施

《消防安全责任制实施办法》对机关、团体、企业、事业等单位的消防安全责任进行了明确：坚持安全自查、隐患自除、责任自负。单位应当落实好消防安全主体责任，履行各项消防安全职责，确保消防安全管理工作有序开展。

消防安全管理的目标是预防火灾、减少火灾带来的损失。也就是说，要尽量避免火灾的发生，即使发生火灾，也要有相应的处理对策，避免因火灾扩大造成人员伤亡和财产损失。

作为一个消防安全管理人，应当怎么开展工作呢？试想，如果你是北京市石景山区苹果园南路某商场的消防安全管理人，怎样管理才能避免发生火灾呢？

火灾是由电动自行车充电引起的，电动自行车充电是有发生火灾的风险的，这就构成了一处火灾隐患。为了消除隐患，应当要求电动自行车在人员密集和可燃物较多的场所做好防火分隔，最好能集中停放。因此，管理人可以申请建一个电动自行车集中停放点，并要求相关人员将电动自行车停放进去。但是这不仅需要建立管理制度，还需要一定的经费投入。管理人应当向消防安全责任人报告，申请经费、选定位置建设集中停放点，并申请建立管理制度，要求各部门、各门店的负责人督促下属员工将电动自行车停放到指定位置。同时，安排相关人员进行巡查督导，对违规停放、充电的人员和管理不到位的部门给予相应处理，并及时向消防安全管理人报告，形成管理闭环。

通过以上措施，一处消防安全隐患被消除，涉及制度建立、人员管理、经费管理、工作反馈等方方面面，这其实就是消防安全管理的缩影。

在消防安全管理实践中，**单位应当结合本单位的特点，建立健全各项消防安全制度和保障消防安全的操作规程，并公布执行**。消防安全制度主要包括以下内容：消防安全教育、培训；防火巡查、检查；安全疏散设施管理；消防（控制室）值班；消防设施、器材维护管理；火灾隐患整改；用火、用电安全管理；易燃易爆危险物品和场所防火防爆；专职和义务消防队的组织管理；灭火和应急疏散预案演练；燃气和电气设备的检查和管理（包括防雷、防静电）；消防安全工作考评和奖惩；其他必要的消防安全内容。具体可以参考《机关、团体、企业、事业单位消防安全管理规定》（公安部令第61号）。

消防小问答：单位消防安全职责的主要内容有哪些呢？

答：结合火灾危险性、火灾影响力、火灾损失等因素，《消防安全责任制实施办法》分三个层次对单位消防安全职责进行了规定，分别为一般单位、消防安全重点单位和火灾高危单位的消防安全职责。具体职责内容参考《消防安全责任制实施办法》相关规定。

三、单位消防安全管理重点工作

在单位日常消防安全管理工作中，部分单位对消防安全管理要求的认识不深，常常是只知道有这一项工作，**但不知道具体内容和如何实施**。在此，我们梳理了部分在日常消防安全管理工作中比较重要的内容，并将其汇总，以便大家进行参考。

防火巡查

消防安全重点单位应当进行每日（如图6-3）防火巡查，并确定巡查的人员、内容、部位和频次。其他单位可以根据需要组织防火巡查。公众聚集场所在营业期间的防火巡查应当至少每2小时一次；营

图6-3 某单位巡查人员对应急照明灯进行抽查

第六章 | 我们身边的消防安全工作

业结束时应当对营业现场进行检查，消除遗留火种。医院、养老院、寄宿制的学校、托儿所、幼儿园应当加强夜间防火巡查，其他消防安全重点单位可以结合实际组织夜间防火巡查。

防火检查

机关、团体、事业单位应当至少每季度进行一次防火检查，其他单位应当至少每月进行一次防火检查。

建筑消防设施的维护管理

单位应当按照建筑消防设施检查维修保养有关规定的要求，对建筑消防设施的完好有效情况进行检查和维修保养。建筑消防设施应每年至少检测一次，检测对象包括全部系统设备、组件等（如图6-4）。由于消防设施的维保、检测专业性较强，不具备相关能力的单位应当委托符合从业条件的消防技术服务机构实施此项工作（如图6-5）。

图6-4 某单位对室外消火栓完好情况进行检查

图6-5 消防维保人员用专业仪器测试消防排烟口风速

消防安全宣传教育和培训

单位应当通过多种形式开展经常性的消防安全宣传教育。消防安全重点单位对每名员工应当至少每年进行一次消防安全培训。公众聚集场所对员工的消防安全培训应当至少每半年进行一次。单位应当组织新上岗和进入新岗位的员工进行上岗前的消防安全培训。公众聚集场所在营业、活动期间，应当通过张贴图画、广播、闭路电视等方式向公众宣传防火、灭火、疏散逃生等常识。学校、幼儿园应当通过寓教于乐等多种形式对学生和幼儿进行消防安全常识教育。

灭火、应急疏散预案和演练

消防安全重点单位应当根据单位实际情况编制灭火和应急疏散预案，建议参考《社会单位灭火和应急疏散预案编制及实施导则》（GB/T 38315—2019），同时参照编制的预案至少每半年进行一次演练，并结合实际，不断完善预案。其他单位应当结合本单位实际，参照编制的预案制订相应的应急预案，至少每年组织一次演练（如图6-6）。

图6-6 某单位开展消防灭火和应急疏散演练

第二节 生活中常见火灾隐患及处置办法

要了解火灾隐患，我们首先要明确火灾隐患的定义。火灾隐患是指可能导致火灾发生或火灾危害增大的各类潜在不安全因素。

我们一般将火灾隐患分为静态火灾隐患和动态火灾隐患。静态火灾隐患一般是由于硬件设施不达标造成的火灾隐患，如消防设施、器材、消防安全标志配置和设置不符合标准，人员密集场所在门窗上设置影响逃生和灭火救援的障碍物，电器产品、燃气用具线路、管路敷设不符合标准等。静态火灾隐患一般较为固定且较易被发现，但整改周期可能较长，整改后不易再次出现。动态火灾隐患一般是由于日常管理不到位造成的火灾隐患，如消防设施、器材、消防安全标志未保持完好、有效，占用、堵塞、封闭疏散通道和安全出口、消防车通道，消防控制室无人值班，等等。动态火灾隐患一般较为随机且较易被忽略，发现后多数能立即整改，但整改后相同问题易反复出现。

第六章　我们身边的消防安全工作

及时发现和处置火灾隐患能够大大降低火灾发生的概率，对社会面火灾形势的稳定具有积极意义。以下选择部分典型火灾案例进行重点讲解，希望有助于大家更好地认识和消除火灾隐患。

一、生活中常见火灾隐患之火灾危险源

火灾危险源通常指的是可能导致火灾发生和扩大的引火源和可燃物，前面章节我们了解到，燃烧的三个要素分别是引火源、可燃物和助燃物，三者缺一不可。其中助燃物（主要是氧气）基本不受控制，但如果我们对引火源和可燃物进行控制和管理，便可从源头上预防火灾的发生和扩大。

（一）引火源的控制和管理

引火源通常是指使物质开始燃烧的外部热源，常见的引火源主要有明火、电弧、电火花、雷击、高温和自燃等。其中，因动火作业、电气线路、燃气所产生的引火源相关火灾隐患已成为当前引发火灾三大"杀手"。

1. 最容易被忽略的引火源——动火作业

本书第二章提到过的河南省安阳市某商贸有限公司特大火灾事故（如图6-7），起火原因是该商贸有限公司工人在一层仓库内违法违规电焊作业。高温焊渣引燃包装纸箱，纸箱内的瓶装聚氨酯泡沫填缝剂受热爆炸起火，进而使大量黄油、自喷漆、除锈剂、卡式炉用瓶装丁烷

图6-7 安阳市某商贸有限公司火灾后照片

和手套、橡胶制品等相继快速燃烧蔓延成灾，并产生大量高温、有毒浓烟，最终造成人员伤亡，经济损失12 311万元。

在日常生活中，我们通常对明火（如炉灶、柴火、蜡烛等产生的火源）较为警惕，能够认识到明火引发火灾的危险性。但对动火作业产生的火源疏于防范，忽略了使用电焊、气焊（割）、喷灯、电钻、砂轮等工具进行动火作业时产生的火源（如火焰、火花或炽热表面）（如图6-8）。殊不知，近年来发生的因火源管理不善而引发的较大以上火灾大部分是由于违规动火作业造成的。违规动火作业产生的火源已成为火灾发生的潜在凶手，值得引起我们的重视。

图6-8 焊接作业会产生大量高温焊渣

因此，我们在开展动火作业时，应当遵守安全规定、落实安全措施，严禁指使或者强令他人违反消防安全规定冒险作业。进行电焊、气焊等具有火灾危险作业的人员必须持证上岗，并在动火作业前做好相关准备工作，在动火作业中落实相关操作程序和制度，在动火作业后处理好相关后续工作，确保万无一失。

消防小问答： 哪些区域和场所禁止动火作业？

1. 火灾爆炸危险场所（部位）。
2. 安全出口、疏散楼梯间等室内安全区域。
3. 人员密集场所营业、开放或使用期间，室内展览厅、婚庆等场所筹备时。
4. 劳动密集型企业、合用场所生产加工期间，可燃物较多的仓储场所或库房。
5. 文物建筑的保护范围内。

2. 最易引发火灾的引火源——电气线路

2020年10月1日，位于太原市迎泽区郝庄镇小山沟村的某农林生态游乐园有限公司冰雕馆发生重大火灾事故，引发火灾的直接原因是景区电力作业人员违规操作，导致装饰灯具的电子元件短路。具体原因是通道内照明电气线路设计、安装不规范，在短路发生后空气开关未及时跳闸切除故障，持续的短路电流造成电子元件装置起火，引燃线路绝缘层及聚氨酯保温材料，进而引燃聚苯乙烯泡沫夹芯板隔墙及冰雕馆内的聚氨酯保温材料，火势蔓延成灾。这场火灾造成13人死亡，15人受伤，过火面积约2 258平方米，直接经济损失1 789.97万元。

随着社会的发展，电能已成为人类生活中不可或缺的主要能源之一，电气火灾也成为了当前火灾发生的主要原因之一。通过对历年来火灾形势的分析，我们发现电气火灾常高居榜首，如果我们能在日常工作中掌握电气火灾隐患的排查方法并对隐患加以整改，将对火灾预防起到非常积极的作用。在此，我们对一些常见的电气相关火灾隐患进行了列举。

（1）电气线路、电气设备容易因漏电、老化、绝缘不良、接头松动、电线相互缠绕等情况引发火灾（如图6-9）。

在电气线路、电气设备的使用过程中，不可避免地会出现相关隐患，如果放任不管，极易引发火灾。这就要求我们定期对电气线路、电气设备进行维护保养和检测，确保其正常运行。

图6-9 某地卫生院因电气线路故障引发火灾

（2）室内明敷的电气线路，在有可燃物的吊顶或难燃性、可燃性墙体内敷设的电气线路，不具有相应的防火性能或防火保护措施。如果没有进行穿管保护，随着时间的推移，电气线路可能出现老化、破损情况，极易引燃可燃材料造成火灾（如图6-10）。在敷设电气线路时，我们应严格按照要求对电气线路做好防火保护措施。

（3）电气线路穿过防火墙、防火隔墙、竖井井壁、建筑变形缝处和楼板处的孔隙未采取防火封堵措施（如图6-11）。

电气线路穿过防火分区时，如不做好防火封堵措施，在发生火灾时极易造成火势跨防火分区蔓延。因此，我们在敷设电气线路的同时要注意防火封堵措施，确保封堵严密。

（4）私自搭接电气线路或"飞线"充电。

正规安装的电源线路应当由专业的电工进行设计和安装。私自搭接电气线路或"飞线"充电使用的线路不具备相关安全条件，线路质量也良莠不齐，在操作和使用过程中极易发生故障，长期的风吹日晒也存在安全隐患。因此，我们在发现私自搭接电气线路或"飞线"充电时要及时进行劝阻。

（5）使用超过电气线路负荷的电气设备（如图6-12）。

使用超过电气线路负荷的电气设备会导致线路温度升高，当电流强度超过电线荷载时，电线发热量将成倍增长，极容易引发火灾事故。因此，我们要严格按照电气线路负荷使用电气设备。

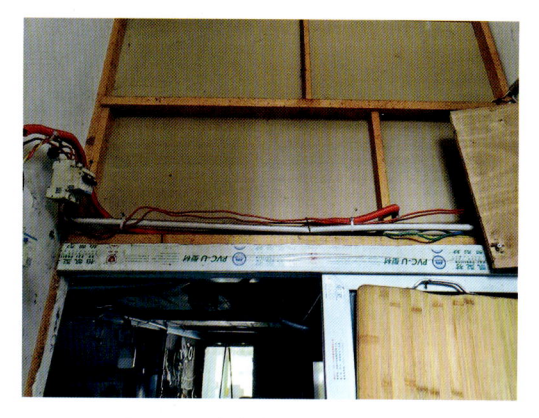

图6-10 电气线路未穿管保护

图6-11 电线穿越楼板时未采取防火封堵措施

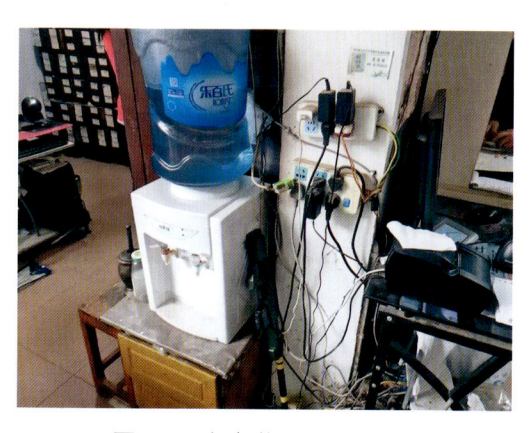

图6-12 超负荷使用电器设备

第六章 | 我们身边的消防安全工作

3. "脾气最暴躁"的引火源——燃气

2023年6月21日20时37分许，宁夏回族自治区银川市兴庆区某烧烤民族街店发生一起特大燃气爆炸事故，造成31人死亡，7人受伤，直接经济损失达5 114.5万元（如图6-13）。

调查认定事故的直接原因是：液化石油气配送企业违规向该烧烤民族街店配送有气相阀和液相阀的"双嘴瓶"，店员误将气相阀调压器接到液相阀上，使用时发现异常后擅自拆卸安装调压器，从而造成液化石油气泄漏。在处置过程中，店员又误将阀门反向开大，导致大量泄漏喷出，与空气混合达到爆炸极限，遇厨房内明火发生爆炸进而起火。由于没有组织人员疏散，且唯一楼梯通道被炸毁的隔墙严重堵塞，二楼临街窗户被封堵并被锚固焊接的钢制广告牌完全阻挡，严重影响人员逃生，从而导致伤亡扩大。

图6-13 银川市兴庆区某烧烤民族街店发生的特大燃气爆炸事故救援现场

随着经济的发展和城市的建设，燃气已成为生活用火的主要能源之一，我们常见的燃气主要包括天然气、液化石油气、煤气等。在使用过程中，管道老化、瓶体受损、阀门泄漏、操作不当等因素都极易造成燃气泄漏甚至爆炸燃烧。燃气一旦发生爆炸燃烧，威力巨大，极易造成群死群伤事故（如图6-14）。

虽然燃气爆炸危害巨大，但是相比于电气火灾更加容易预防。燃气必须在一定的浓度范围内均匀混合，形成预混气，遇着火源才会发生爆炸。因此，我们

图6-14 管理混乱存在燃气爆炸风险的厨房

首先应当避免燃气泄漏，按标准使用合格的燃气设备，不私自安装、改拆燃气设备和供气管路，并定期对相关设备进行检查、检测。其次，要加强空气流通，避免燃气聚集，最简单的方法就是开窗通风。最后，按要求设置可燃气体探测报警装置、熄火保护装置、燃气泄漏报警和切断装置等。

（二）可燃物的控制和管理

对于前面所讲的某农林生态游乐园有限公司冰雕馆发生的重大火灾事故，其直接原因是由电气线路引发的，但导致火势迅速蔓延和重大人员伤亡的主要原因却是由易燃、可燃材料造成的。冰雕馆内大量使用易燃可燃的聚氨酯保温材料和聚苯乙烯夹芯彩钢板。聚氨酯保温、材料燃点低燃烧速度极快，起火后火势迅速扩大蔓延。

可燃物作为燃烧的三要素之一，是我们火灾隐患管理的重点，管好可燃物对于火灾的预防尤为重要。在此，我们对可燃物的管理进行了如下归纳。

1. 加强建筑构件、建筑材料和室内装修装饰材料的管理

建筑构件、建筑材料和室内装修装饰材料的防火性能必须符合相关技术标准要求。建筑内部装修设计应积极采用不燃性材料和难燃性材料，避免采用燃烧时产生大量浓烟或有毒气体的材料，做到安全适用，技术先进，经济合理。特别要注意在使用金属夹芯板材时，应避免使用可燃、易燃材料；建筑的内、外保温系统，宜采用不燃的保温材料，不宜采用可燃保温材料，严禁采用易燃保温材料；人员密集场所室内装饰装修应当按照消防技术标准要求，使用不燃或者难燃材料。某娱乐场所采用易燃材料进行装饰如图6-15所示。

(a) 采用易燃材料进行装饰（一）　　(b) 采用易燃材料进行装饰（二）

图6-15 某娱乐场所采用易燃材料进行装饰

2. 加强可燃物储存、放置管理

严禁在安全出口、疏散楼梯间、疏散走道等安全疏散区域储存、放置可燃物；严禁在配电室、消防控制室、消防水泵房、电缆井、管道井等设备间储存、放置可燃物；储存、放置可燃物的场所应符合消防安全要求，严格落实消防安全管理制度。

3. 易燃易爆危险品的管理

对于易燃易爆危险品的管理，《消防法》里有如下要求：生产、储存、经营易燃易爆危险品的场所不得与居住场所设置在同一建筑物内，并应当与居住场所保持安全距离；生产、储存、装卸易燃易爆危险品的工厂、仓库和专用车站、码头的设置，应当符合消防技术标准；易燃易爆气体和液体的充装站、供应站、调压站，应当设置在符合消防安全要求的位置，并符合防火防爆要求；生产、储存、运输、销售、使用、销毁易燃易爆危险品，必须执行消防技术标准和管理规定；进入生产、储存易燃易爆危险品的场所，必须执行消防安全规定；禁止非法携带易燃易爆危险品进入公共场所或者乘坐公共交通工具。

二、生活中常见火灾隐患之消防设施器材

消防设施器材主要由火灾自动报警系统、消火栓系统、自动喷水灭火系统、应急照明和疏散指示标志系统、建筑防烟排烟系统、防火分隔设施、灭火器具、个人防护装备等组成，承担着火灾预防、灭火救援和安全疏散等重要功能，因此，**消防设施未保持完好有效当然属于火灾隐患**（如图6-16）。

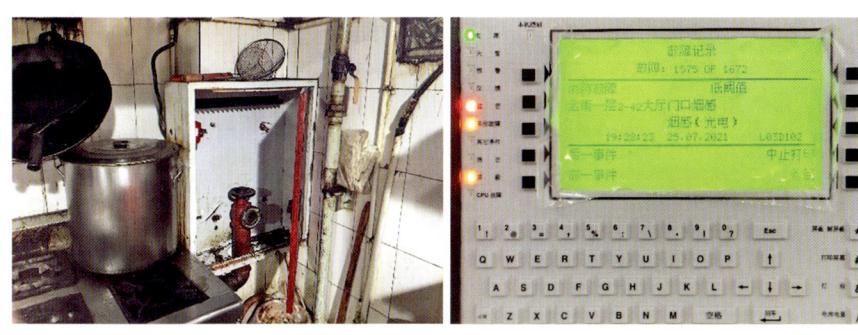

（a）消防枪水带缺失　　　　　　　　（b）火灾自动报警系统故障

图6-16 消防设施未保持完好有效

实践中我们发现，人们对消防设施不够了解而导致操作失误，进而造成火灾扩大的情形比比皆是。下面就列举几类最容易被忽略的火灾隐患。

（一）用于灭火的消防设施未处于自动状态

为了更快扑救初起火灾，很多灭火类的消防设施往往能够根据现场情况自动启动。例如，自动喷水灭火系统在房间温度到达一定程度时，能够自动喷水灭火；消火栓系统在使用时能够自动供水，持续提供灭火用水；消防水泵房作为消防供水系统的"心脏"，在自动喷水灭火系统和消火栓系统工作时，能为其提供稳定的压力，帮助扑灭火灾。

部分单位由于担心消防水泵误启动、联动控制出现问题或消防水泵故障等，将消防水泵控制柜调至手动状态，这将埋下极大的安全隐患。喷淋泵控制柜与消防水泵有关联的自动指示灯亮起时，说明消防水泵处于自动状态（如图6-17）。当消防水泵控制柜处于手动状态时，消防控制室主机、压力开关、流量开关等联动设备都无法启动消防水泵，一旦发生火灾，只能由值班人员前往消防水泵房手动启动消防水泵。消防水泵一般位于地下楼层，如果路途较远或路径上发生火灾，将极大延误灭火时机，最终导致火灾扩大。

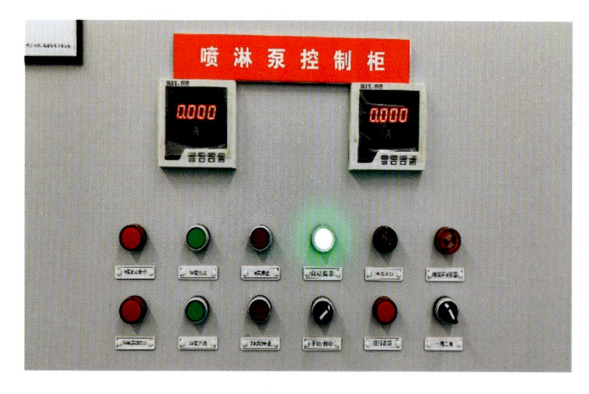

图6-17 显示消防水泵处于自动状态

此外，火灾自动报警系统能在发生火灾时自动联动启动声光警报器、应急广播、防烟排烟系统、防火卷帘等。如果在发生火灾时，系统处于手动状态，这些功能都将无法联动。因此，消防控制室值班人员在确认火灾时，应第一时间将火灾联动控制器改为自动状态。

我们不仅要保证消防设施完好有效，还要确保自动消防设施在发生火灾时能够充分发挥作用。因此，应当按操作规程设置消防设施，避免设施设备无法联动。

第六章 我们身边的消防安全工作

（二）用于防火分隔的常闭式防火门未保持常闭

2018年8月25日凌晨4时12分许，哈尔滨市松北区某休闲酒店有限公司发生重大火灾事故，过火面积约400平方米，造成20人死亡，23人受伤，直接经济损失达2504.8万元（如图6-18）。

该起案例起火原因是酒店二期温泉区二层平台靠近西墙北侧顶棚悬挂的风机盘管机组电气线路短路，形成高温电弧，引燃周围塑料绿植装饰材料并蔓延成灾。火灾发生前一日，该休闲酒店三层客房领班张某使用灭火器箱挡住与温泉区相连的E区三层常闭式防火门，使其始终处于敞开状态。起火后，塑料绿植装饰材料燃烧产生大量含有二氯乙烷、丙烯酸甲酯、苯系物等有毒有害物质的浓烟，**迅速通过敞开的防火门进入E区三层客房走廊**，短时间内充满整个走廊并渗入房间，封死逃生路线，导致楼内大量人员被有毒有害气体侵袭，很快中毒眩晕并丧失逃生能力和机会。领班张某对事故灾害扩大负有主要责任，被追究刑事责任。

图6-18 哈尔滨市松北区某休闲酒店有限公司火灾现场图

常闭式防火门未保持常闭是我们生活中常见的火灾隐患之一，常闭式防火门在关闭状态下可以有效隔绝烟气和火焰，确保火灾不蔓延至其他区域并保证人员安全疏散。

如果你家住在高层住宅内，可以观察一下楼梯间的门，那便是防火门。你可以从一楼向上走，看一看有多少常闭式防火门被恶意阻挡或闭门器被破坏（如图6-19）。防火门能在火灾发生时有效将火势和烟气控制在着火楼层内，防止蔓延至其他楼层。如果防火门未处于关闭状态，一旦发生火灾，没有了防火门的阻隔，火焰和烟气将进入楼梯间，通过**烟囱效应**迅速蔓延至其他楼层，烟气也将充满整个楼梯间，原本的生命通道将变为死亡通道。

（a）常闭式防火门被恶意阻挡　　　　（b）闭门器被破坏

图6-19 常闭式防火门被恶意阻挡、闭门器被破坏

消防小问答：什么是烟囱效应？

答：烟囱效应是指空气沿着有垂直坡度的空间升降，造成对流加强的现象。例如，火炉工作时产生的热空气，会在烟囱内快速上升并离开，而烟囱底部及周围的空气，会被快速吸入火炉中，从而让火炉的火更猛烈；在建筑火灾中楼内各种竖向的管道井、中庭，甚至是墙外保温层与玻璃幕墙之间的缝隙，以及防火分隔不到位的楼梯间，都会促使烟气和明火迅速蔓延。

实验表明：一座30层高，约100米的建筑，在无阻挡的情况下，烟气从一楼到顶楼，只需30秒！完好有效的防火分隔设施能够避免烟气蔓延从而产生的烟囱效应。

以防火门为代表的**防火分隔设施是发生火灾后阻止火灾扩大、避免伤亡的重要消防设施**。防火门兼具人员通行和防烟防火两项功能。前文提到过防火门分为常开和常闭两种，由于常开式防火门设置成本较高，所以目前大多数场所多采用常闭式防火门。但常闭式防火门的自动关闭功能时常遭到阻碍

第六章 我们身边的消防安全工作　171

甚至破坏，究其原因：一是群众由于缺乏消防知识，不知道哪些门是防火门；二是常闭式防火门在一定程度上会对通行产生影响；三是人们的消防意识不足，不能正确认识到防火分隔措施的重要性。

管理巡查人员加强对防火门的巡查和维护固然可以解决一部分问题，但是提升群众的消防安全意识和消防安全常识才是解决此问题的根本。如果你身边有类似问题，请及时纠正，让防火分隔设施保持完好有效，也许它就能够在关键时刻保护你和你家人朋友的生命财产安全。

（三）人员密集场所在门窗上设置影响逃生和灭火救援的障碍物

2024年1月24日15时22分，江西省新余市渝水区某小区临街商住综合楼发生特大火灾事故，造成39人死亡，9人受伤，直接经济损失达4352.84万元（如图6-20）。

经调查认定，事故的直接原因是：小区临街商住综合楼地下一层违法违规建设冷库，施工作业中使用聚氨酯泡沫填缝剂时释放易燃气体，局部积聚达到可燃条件，在挤塑板上铺设塑料薄膜时产生静电、放电、点燃、积聚的易燃气体，迅即引燃聚氨酯泡沫、挤塑板等易燃、可燃材料，产生大量有毒烟气；地下一层与一层共用的疏散楼梯防火分隔缺失，烟气快速蔓延至二层；位于二层的一教育教室外安装了防盗网和广告牌，正在培训的学生无法及时有效逃生，造成人员伤亡扩大。

图6-20　某小区临街商住综合楼火灾现场图

人员密集场所严禁在门窗上设置影响逃生和灭火救援的障碍物，常见的障碍物主要包括防盗栏、防盗网、广告牌等。防盗栏、防盗网在火灾发生后，会对人员的逃生和消防救援人员的施救造成极大阻碍，同时在火灾中人员沿着新鲜空气方向逃生至窗口却被防盗栏、防盗网阻挡无法脱险，极易造成人员伤亡。广告牌由于采用大量可燃、易燃材料，在影响逃生和灭火救援的同时，还会造成火势的快速蔓延。

近年来，在门窗上设置影响逃生和灭火救援的障碍物造成火灾蔓延和救援困难的情况层出不穷。2024年，国家消防救援局印发的《国家消防救援局关于拆除人员密集场所门窗设置影响逃生和灭火救援的障碍物的通告》要求，人员密集场所立即组织开展防火检查、巡查，严禁在门窗设置影响逃生和灭火救援的铁栅栏、铁丝网等障碍物。在各级政府和消防救援机构的共同努力下，此类火灾隐患得到了一定程度的整改，但还远远谈不上根治。

防盗网等障碍虽然会在发生火灾时造成救援困难，但是在没有发生火灾时却发挥了一定防盗和防坠落的作用。以养老院为例，失智老人坠楼事件时有发生，在拆除障碍物时需综合考虑安全需求。因此，要根本解决此类问题，绝不能一刀切，还需要根据建筑场所的具体情况来具体分析解决。

三、生活中常见火灾隐患之日常消防安全管理

消防安全管理作为防火工作的重要手段之一，规范的消防管理制度能够有效避免和减少火灾发生的可能性。但在单位日常的消防工作中，**往往出现重硬件、轻软件，重设施、轻管理的现象**。这种现象导致部分单位虽然配备了完善的消防设施，但在消防安全制度的落实、人员培训和日常管理方面存在明显不足。人们管理不到位而导致各类火灾隐患长期得到不到解决的情况也较为普遍。

（一）消防控制室管理

消防控制室的作用相当于消灭火灾的指挥部，其重要性不言而喻。在日常管理中，消防控制室值班制度往往难以落实。根据相关规定，消防控制室值班人员需要取得中级及以上消防设施操作员职业资格，同时需要双人双岗24小时值班。根据《建筑消防设施的维护管理》（GB 25201—2010）的相关要求，消防控制室值班人员每班工作时间应不大于8小时，每班人员应不少于2人。也就是说不加班的情况下，一个消防控制室需要配备6名中级消防设施操作员，仅工资这一项就是一笔不小的支出。

此外，不同品牌的消防设施操作方法有一定区别，有的甚至大相径庭。

第六章 | 我们身边的消防安全工作

消防控制室值班人员流动性较大，很多值班人员并不能熟练操作消防设施，部分值班人员在取得职业资格之后就没有再进行学习，随着时间的推移对消防设施的操作逐渐陌生，甚至有些单位虽然配备了完备的消防设施，却无一人会操作，令人唏嘘。一旦发生火灾，后果可想而知。管理较好和管理较差的消防控制室对比如图6-21所示。

（a）管理较好的消防控制室　　　（b）管理较差的消防控制室

图6-21 管理较好和管理较差的消防控制室对比

要避免消防控制室相关隐患酿成大祸，我们**必须明确消防控制室值班相关要求，建立值班制度，严格落实相关处置程序**（如图6-22）。同时，还**需要定期对值班人员进行针对性培训，确保值班人员能熟练操作消防设施设备，并定期演练**，将消防设施操作纳入演练内容，确保操作流畅。

如果你是单位的消防安全管理人，建议你也了解一下消防设施设备的操作方法，如果有条件，可以考取注册消防工程师或者消防设施操作员职业资格，这对消防管理工作大有益处。

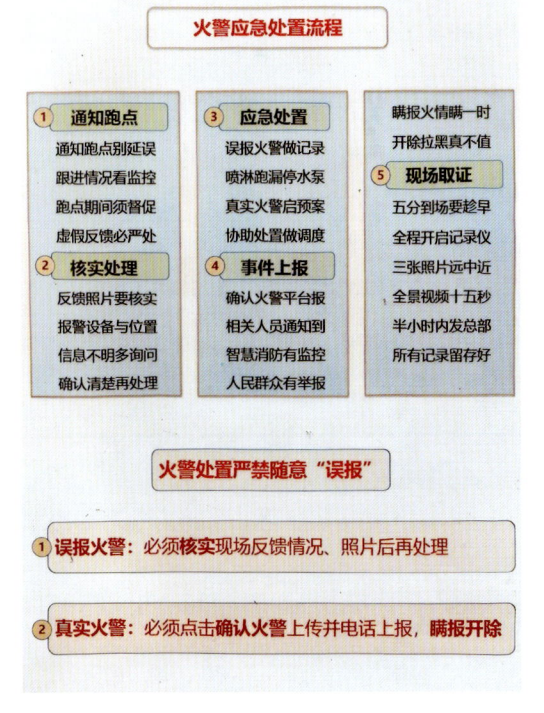

图6-22 某商业综合体火警应急处置流程图

消防小问答： 消防控制室值班时间和人员要求有哪些？

答：消防控制室实行每日24小时值班制度，值班人员应通过消防行业特有工种**职业技能鉴定**，持有中级及以上等级的职业资格证书。每班工作时间应不大于8小时，每班人员应不少于2人，值班人员对火灾报警控制器进行日检查、接班、交班时，应填写《消防控制室值班记录表》的相关内容。值班期间每2小时记录一次消防控制室内消防设备的运行情况，及时记录消防控制室内消防设备的火警或故障情况。正常工作状态下，不应将自动喷水灭火系统、防烟排烟系统和联动控制的防火卷帘等防火分隔设施设置在手动控制状态。其他消防设施及其相关设备如设置在手动状态时，应有在火灾情况下迅速将手动控制转换为自动控制的可靠措施。

（二）占用、堵塞、封闭疏散通道、安全出口、消防车通道

占用、堵塞、封闭疏散通道、安全出口是在消防安全管理中常见的火灾隐患之一。部分单位为了便于管理，将疏散通道、安全出口锁闭，一旦发生火灾，人员顺着疏散指示标志逃生至安全出口却发现出口被锁闭，后果不堪设想。

部分单位堆放物品占用、堵塞疏散通道、安全出口（如图6-23），不仅影响人员疏散，还可能因可燃物在存在加剧火灾蔓延。

图6-23 占用、堵塞疏散通道

第六章 | 我们身边的消防安全工作

消防车通道是紧急状况下消防车通行的应急通道，一旦被占用，会使得消防车无法迅速到达火灾地点，无法停靠到有利于灭火作战的位置，严重影响灭火救援。现实中，一些老旧小区、车辆较多的区域常常为了停车的便利而占用消防车通道（如图6-24），一些物业管理单位罔顾消防安全，堵塞、封闭、占用消防车通道的情况时有发生，如发生火灾，严重影响灭火救援。

图6-24 机动车停放在消防车通道上严重影响消防车通行

疏散通道、安全出口是紧急状况下人员逃生的通道，消防车通道是救援通道，它们都属于"消防生命通道"，其重要性不言而喻。然而，这些隐患一直是消防监督检查中的老大难问题，常常是改了又堵，堵了又改。

此类问题大多是消防安全管理不到位造成的，巡查人员应定时对疏散通道、安全出口以及消防车道实施"全覆盖"巡查。对于经常占用、堵塞的区域应进行重点巡查，采取相应的措施。对于长期占用消防车通道的人员和单位，应及时向当地消防救援机构反映，采取执法手段解决问题。如果你身边也有此类火灾隐患，可以向消防救援机构举报。

火灾伴随火的发明和利用而产生，与人类文明的发展有着密切的关系。随着经济社会的发展和人类活动方式的改变，火灾的发生也相应地呈现出一定的变化规律和特征。我们必须清醒地认识到，火灾隐患不可能被一劳永逸地消除。环顾四周，你身边总会存在引火源、可燃物、助燃物，一旦缺乏管控，就可能发生火灾。新能源汽车等的出现，让火灾隐患更加复杂和难以消除。因此，在政府和相关部门加强消防安全管理的同时，我们必须提升自身的消防安全意识和能力素质，才能降低火灾风险，保护自身的生命财产安全。

第三节 社会消防行业从业人员的分类和职业特点

通常我们所说的社会消防行业从业人员是指国家综合性消防救援队伍以外的社会消防行业的从业人员，主要包括**消防控制室值班人员**，**消防技术服务从业人员和单位专职消防队**、**志愿消防队队员**，下面进行简要介绍。

一、消防控制室值班人员

消防控制室值班人员是指负责消防控制室日常运行和管理的人员，需要通过消防行业特有工种职业技能鉴定，持有中级及以上等级的职业资格证书才可以从事此工作。该人员在工作中应熟悉和掌握消防控制室设备的功能及操作规程，按照规定和规程测试自动消防设施的功能，保证消防控制室的设备正常运行。严格执行每日24小时专人值班制度，每班不应少于2人，并做好消防控制室的火警、故障和值班记录。

消防控制室接到火灾警报后，消防控制室值班人员应立即以最快方式进行确认。确认发生火灾后，应立即确认火灾报警联动控制开关处于自动状态，并拨打119报警电话，同时向消防安全责任人或消防安全管理人报告，启动单位内部灭火和应急疏散预案。

二、消防技术服务从业人员

消防技术服务从业人员是指依法取得注册消防工程师资格并在消防技术服务机构中执业的专业技术人员，以及按照有关规定取得相应消防行业特有工种职业资格，在消防技术服务机构中从事社会消防技术服务活动的人员。其中，消防技术服务机构是指从事消防设施维护保养检测、消防安全评估等社会消防技术服务活动的企业。

从事消防设施维护保养检测的消防技术服务从业人员主要负责建筑消防设施维护保养、检测活动；从事消防安全评估的消防技术服务从业人员主要负责区域消防安全评估、社会单位消防安全评估、大型活动消防安全评估等活动，并提供消防法律法规、消防技术标准、火灾隐患整改、消防安全管理和消防宣传教育等方面的咨询活动。

拥有注册消防工程师的从业人员可以在消防技术服务机构中担任技术负责人（须有一级注册消防工程师）和项目负责人。

消防小问答：什么是注册消防工程师？

答：注册消防工程师是指经考试取得相应级别消防工程师资格证书，并依法注册后，从事消防技术咨询、消防安全评估、消防安全管理、消防安全技术培训、消防设施检测、火灾事故技术分析、消防设施维护、消防安全监测、消防安全检查等消防安全技术工作的专业技术人员。

注册消防工程师分为一级注册消防工程师（如图6-25）和

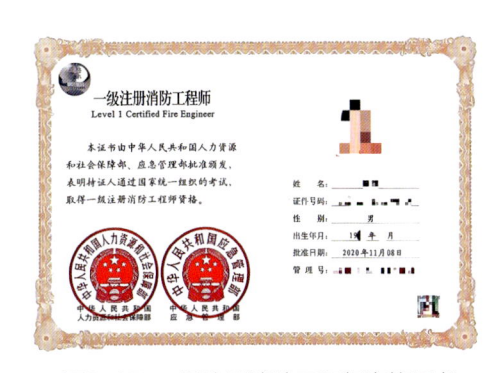

图6-25 一级注册消防工程师资格证书

二级注册消防工程师。相比于二级注册消防工程师，一级注册消防工程师的执业范围更广，可在全国范围执业。一级注册消防工程师职业资格考试由人力资源社会保障部人事考试中心组织，实行全国统一大纲、统一命题、统一组织的考试制度。二级注册消防工程师的执业范围一般限于所在省份。其考试由省、自治区、直辖市人力资源和社会保障行政主管部门会同消防机构组织实施（目前大多数省份的二级注册消防工程师考试还处于准备阶段，暂未开考）。

三、单位专职消防队、志愿消防队队员

单位专职消防队队员是指由企业、事业单位组建的主要承担本单位火灾扑救工作的消防组织人员。志愿消防队队员是指根据消防安全需要，由机关、团体、企业、事业等单位以及村民委员会、居委员会组建的承担群众性自防自救工作的消防组织人员。

消防小问答： 哪些单位需要建立单位消防专职队？

答：《消防法》有明确规定，下列单位应当建立单位专职消防队，承担本单位的火灾扑救工作。

（1）大型核设施单位、大型发电厂、民用机场、主要港口。

（2）生产、储存易燃易爆危险品的大型企业。

（3）储备可燃的重要物资的大型仓库、基地。

（4）第1项、第2项、第3项规定以外的火灾危险性较大、距离国家综合性消防救援队较远的其他大型企业。

（5）距离国家综合性消防救援队较远、被列为全国重点文物保护单位的古建筑群的管理单位。

第七章
我们应该知道的消防法律常识

依法治国是我国始终坚持的基本方略，良法是善治之前提，建立完善的消防法律体系，是消防工作的根本。自1998年现行《消防法》出台以来，我国已经颁布施行的消防部门规章30余部，消防国家标准和行业标准200余部，地方性消防法规70余部。我国基本形成了以《消防法》为基本法律，以消防部门规章和地方性消防法规以及消防技术规范、标准相配套的消防法规体系。本章，我们就来了解一下我国消防工作体系是怎样运转的，有哪些行为属于常见的违法行为，消防行政许可是怎么办理的。

第一节 消防安全责任制度

《消防法》明确规定了我国消防工作的主体，分别是"政府""部门""单位""公民"。我国的消防安全工作格局由这四者共同构建，即"政府统一领导、部门依法监督、单位全面负责、公民积极参与"。没有责任就没有执行力，消防工作实行消防安全责任制，四方责任主体在消防安全方面各尽其责，有利于调动各部门、各单位和广大群众做好消防安全工作的积极性。

一、政府统一领导

某市老城区已经建成几十年了，部分区域还存在大量木质结构的房屋，火灾隐患很大，近年来更是火灾频发。某天，市里开会要求消防支队提出解决方案，消防支队长提出要在老城区中心位置建设消防站，还要在整个老城区建设消防车通道并设置消火栓，并在各个社区建立消防志愿队伍。

经讨论，市政府决定接受消防支队长的建议。市政府将老城区消防安全布局、消防站、消防供水等内容纳入国土空间规划并组织实施，在消防、财政、规划、城乡建设、环保等部门的共同努力下，消防站完成了选址、征地、建设等工作，政府出资采购了5辆消防车和各类消防装备，并按程序招收了20名政府专职消防员入驻消防站，由消防支队统一培训和指挥，消防车道和消火栓建设也相继建设完毕。

城区街道办事处组织各社区招募消防志愿者，并承担日常防火巡查、消防宣传、扑灭初起阶段的火灾等任务。自此，老城区的消防安全得到极大的改善，再也没有发生过有较大社会影响的火灾。

《消防法》第三条规定"国务院领导全国的消防工作""地方各级人民政府负责本行政区域内的消防工作"。很多人认为消防工作只与消防部门有关，这是不对的。因为消防工作是极其复杂的，包括消防安全布局、消防站、消防供水、消防通信、消防车通道以及消防装备等内容，光靠消防部门是无法推动的，必须由政府统一领导，发挥各级人民政府的统筹规划和协调推进的作用，将消防工作纳入国民经济和社会发展计划并组织实施，调动足够多的资源，保障消防工作与经济建设和社会发展相适应。

二、部门依法监督

某县金宝宝幼儿园今年多招收了100名幼儿，由于教学场地不够，就将地下车库部分区域改建为教学班，并在改建过程中拆除了部分自动喷水灭火系统管网，造成自动喷水灭火系统无法使用。

县教育局发现了该情况后，要求金宝宝幼儿园立即整改火灾隐患。金宝宝幼儿园以隐患整改影响教学为理由想推迟到假期再进行整改，县教育局将情况告知县消防救援大队。县消防救援大队对金宝宝幼儿园进行检查，发现该幼儿园确实存在重大火灾隐患，随即将重大火灾隐患通过应急管理局报告给了县政府。县政府在核实相关情况后，决定对该幼儿园进行挂牌督办，由县教育局督促整改，消防救援大队协助办理，并提供技术支持。

在各方努力下，金宝宝幼儿园的火灾隐患被迅速整改，幼儿也得到了妥善安置，县住房和城乡建设局、消防救援大队对该幼儿园的违法行为分别进行了查处。此后，县教育局联合消防救援大队对全县各幼儿园进行排查，并督促各幼儿园整改火灾隐患并加强员工消防培训，进而全县各幼儿园的消防安全管理水平逐步提高，再也没有发生过火灾。

国务院办公厅发布的《消防安全责任制实施办法》明确规定，县级以上人民政府其他有关部门按照"三管三必须"的要求，在各自职责范围内依法依规做好本行业、本系统的消防安全工作。本案例中，县教育局负责幼儿园管理中的行业消防安全工作。县消防救援大队有熟悉消防法律法规及技术规范的执法人员，负有综合监管职责，有权查处消防违法行为。对涉及危害公共安全的重大火灾隐患，县政府根据消防部门和应急部门的建议进行挂牌督办，最终火灾隐患得以整改，违法行为得以查处，部门依法监督的责任体系发挥了重大作用。包括消防救援机构在内的应急管理、教育、住建、民政、人力资源和社会保障、自然资源、文化和旅游、公安等部门都有相应的消防安全监管职责，在各级人民政府的统一领导下，形成"齐抓共管"的消防工作格局。

消防小问答： 消防部门的主要工作职责有哪些呢？

答：消防部门即消防救援机构，主要工作职责：**一是消防组织建设**，包括建设或指导建设消防救援队伍、政府专职消防队伍、企事业单位专职消防队伍、志愿消防队伍等多种形式的消防队伍。**二是灭火救援**，建设消防通信系统，统一组织和指挥火灾现场扑救，参加火灾以外的其他重大灾害事故的应急救援工作。**三是消防监督检查**，包括对公众聚集场所在投入使用、营业前的消防安全检查，对单位履行法定消防安全职责情况的监督抽查，对举报投诉的消防安全违法行为的核查，对大型群众性活动举办前的消防安全检查等。**四是对消防产品进**

行监督管理，主要是对生产、销售、使用消防产品，以及对消防产品质量实施监督管理。**五是消防技术服务监督管理**，对消防技术服务机构的从业条件、服务质量、人员的从业资格、注册消防工程师的注册及执业情况等进行监督管理。**六是开展火灾事故调查**，负责调查火灾原因，统计火灾损失，制作火灾事故认定书。**七是对消防违法行为实施行政处罚**，包括警告、罚款、拘留、责令停产停业、没收违法所得、责令停止执业、行政拘留等行政处罚种类。**八是开展消防宣传工作**，加强消防法律、法规的宣传，并督促、指导、协助有关单位做好消防宣传教育工作。

三、单位全面负责

单位是社会的基本单元，也是社会消防管理的基本单元。单位对消防安全和致灾因素的管理能力，反映了社会公共消防安全管理水平，在很大程度上决定了一个地区的消防安全形势。《消防法》明确了机关、团体、企业、事业等单位在保障消防安全方面的职责，明确了单位的主要负责人是本单位的消防安全责任人。关于单位的消防安全管理职责，前文已经有详细说明，在此不再赘述。

四、公民积极参与

公民是消防工作的基础，是消防工作重要的参与者和监督者。没有广大人民群众的参与，消防工作就不会发展进步。如果公民缺乏消防安全意识、消防知识、灭火和逃生技能，全社会抗御火灾的能力就不会提高。**公民有维**

护消防安全、保护消防设施、预防火灾、报告火警的义务，任何成年人都有参加有组织的灭火工作的义务。

公民在生活和工作中发现火灾隐患或消防违法行为时，可以向消防部门举报，消防部门必须及时核查并回复举报人。此外，任何单位和公民都有权对消防救援机构及其工作人员在执法中的违法行为进行检举、控告。

消防小问答： 公民发现火灾隐患或消防违法行为时，有哪些投诉举报途径？

答：针对火灾隐患或消防违法行为，公民可以实名举报也可以匿名举报。其途径有以下几种：一是可以通过拨打12345政务服务便民热线电话进行举报，也是最便捷的投诉举报方式；二是可以到火灾隐患或违法行为所在地的消防部门或者行政服务中心消防窗口进行举报；三是可以通过邮寄信件的方式到当地消防部门进行举报。

实践证明，各级政府、政府各部门、各行各业以及每个公民在消防安全方面各尽其责，有利于增强全社会的消防安全意识，从而保证消防法律、法规和规章的贯彻执行，提高全社会整体抗御火灾的能力。

第七章 | 我们应该知道的消防法律常识

第二节 常见的消防行政违法行为

前文提到，各个责任主体有履行消防安全法定职责的义务，以保证消防法律、法规和规章的贯彻执行。违反消防安全法定职责义务的行为就是违法行为，包括作为和不作为。实施违法行为应当承担相应的违法责任后果，包括行政责任和刑事责任。本章节主要介绍消防行政违法行为，首先，我们一起来了解一下相关概念。

消防小问答：

1.什么是作为的违法行为，什么是不作为的违法行为？

答：简单地解释，做了法律不允许做的事情就是作为的违法行为，不做法律要求做的事情就是不作为的违法行为。例如，《消防法》第二十一条规定禁止在具有火灾、爆炸危险的场所吸烟、使用明火。因施工等特殊情况需要使用明火作业的，应当按照规定事先办理审批手续，采取相应的消防安全措施。因此，在具有火灾危险的场所使用明火就属于作为的违法行为；动火作业未按照规定事先办理审批手续，就是不作为的违法行为。

2.什么是消防刑事责任、消防行政责任？

答：消防刑事责任是指行为人违反消防法律的规定造成严重后果构成犯罪，由有关机关依照《中华人民共和国刑法》

和相应诉讼程序给予刑事处罚的法律责任。常见的与消防有关的犯罪包括放火罪、失火罪、消防责任事故罪、重大责任事故罪、强令违章冒险作业罪等。

违反消防法律、法规和规章的相关规定但尚不构成犯罪的行为应当承担消防行政责任。根据《消防法》的相关规定，实施消防行政处罚的主体有消防救援机构、住房和城乡建设主管部门、公安机关、产品质量监督机构等部门。处罚种类包括警告、罚款、拘留、责令停产停业、没收违法所得、责令停止执业、行政拘留等。

3.《消防法》规定了消防救援机构可以对严重威胁公共安全的场所实施临时查封，临时查封措施是否属于行政处罚？

答：临时查封属于行政强制措施，其目的在于紧急避免严重威胁公共安全的火灾发生，不具有惩罚性，不属于行政处罚。

一、建筑、场所投入使用前的违法行为

财大大公司准备在某市中心新建一栋商业综合体，建筑高度为60米，集商业服务、餐饮服务、娱乐、办公于一体，是市里的重点项目。

为了提早开业，财大大公司请高大上设计公司进行消防设计，在设计完成后立即开工建设，经过加班、加点施工，工程提早竣工，财大大公司迅速开展试营业活动。

前期因为赶工，很多手续还未办理，财大大公司开始补办相关手续，在向市住房和城乡建设局申报验收时，验收人员发现，该商业综合体未按消防技术标准设置消防排烟设施，发生火灾时烟气无法排出，会导致人员疏散困难而造成伤亡，最终验收不合格。

经查，排烟设施不符合标准是因高大上设计公司在设计时**不按照消防技术标准强制性要求**进行消防设计而导致的，财大大公司建设的商业综合体**未经消防设计审核擅自施工，竣工后未经消防验收擅自投入使用**。市住房和城乡建设局依法责令该商业综合体停止使用，市住房和城乡建设局、市消防救援支队按照各自职权对财大大公司和高大上设计公司的违法行为进行处罚。

由于建筑已经装修完毕了，要重新设置排烟系统的话，会对原有装修进行破坏，不仅损失大，而且施工难度大、工期长。财大大公司不仅没有办法提早开业，还要遭受巨大经济损失。

案例分析：《消防法》规定，建设工程的消防设计、施工必须符合国家工程建设消防技术标准。财大大公司为了缩短工期，在设计完成后未经过消防审核就擅自施工，最终导致造成损失，**如果在设计完成后提交审核**，审核人员一定会发现排烟系统未进行设计，只需进行重新设计就可解决问题，并不会造成损失，财大大公司的行为无异于搬起石头砸自己的脚，既违法又造成了经济损失，还危害了公共安全。

为了确保建筑、场所在投入使用时符合消防技术标准，**《消防法》设立了行政许可**，包括特殊建设工程消防设计审查、特殊建设工程消防验收、公众聚集场所投入使用、营业前消防安全检查，还要求其他建设工程在建设单位验收后应当依法备案接受抽查。《消防法》还规定建设、设计、施工、工程监理等单位都应履行相应法定责任，确保工程质量。

相关违法行为及处罚措施：

（1）依法应当进行消防设计审查的建设工程，未经依法审查或者审查不合格，擅自施工的；依法应当进行消防验收的建设工程，未经消防验收或者消防验收不合格，擅自投入使用的；其他建设工程验收后经依法抽查不合格，不停止使用的。单位或个人有上述行为之一的，由住房和城乡建设主管部门责令停止施工、停止使用，并处3万元以上30万元以下罚款。

（2）建设单位未依照本法规定在验收后报住房和城乡建设主管部门备案的，由住房和城乡建设主管部门责令改正，处5000元以下罚款。

（3）公众聚集场所未经消防救援机构许可，擅自投入使用、营业的，或者经核查发现场所使用、营业情况与承诺内容不符的，由消防救援机构责令停止使用或者停产停业，并处3万元以上30万元以下罚款。核查发现公众聚集场所使用、营业情况与承诺内容不符，经责令限期改正，逾期不整改或者整改后仍达不到要求的，依法撤销相应许可。

消防小问答：

1.什么是建设工程消防设计审查?

答：对于火灾危险性大，发生火灾时可能严重危害公共安全、损害公共利益或者造成重大财产损失的**特殊建设工程**，在施工前应当由住房和城乡建设主管部门对消防设计图纸及技术资料进行审查，确保建筑设计符合消防技术标准要求。审查不合格的，建设单位、施工单位不得施工。（详见本章第三节"如何办理消防行政许可及验收备案"）

2.什么是建设工程消防验收和备案抽查?

答：建设工程消防验收是指上述特殊建设工程，**在工程竣工后且投入使用前**由住房和城乡建设主管部门对涉及消防的各分部分项工程进行查验，对建筑消防设施进行测试，确保建设工程符合消防技术标准要求。建设工程备案抽查是指对于特殊建设工程以外的其他工程，建设单位自行验收后报住房和城乡建设主管部门备案，住房和城乡建设主管部门应当进行抽查。消防验收不合格的，禁止投入使用；备案抽查不合格的，应当停止使用。

3.什么是公众聚集场所投入使用、营业前消防安全检查?

答：公众聚集场所是指为大量人群聚集、休闲、娱乐和交流而设立的场所，这类场所发生火灾时往往会危及公共安全，所以在营业前、投入使用时应经过消防救援机构许可，也可以向消防救援机构作出场所符合消防技术标准和管理规定的承诺，先行取得许可，消防救援机构及时进行核查。

二、建筑、场所投入使用后，单位或个人不履行相关消防职责所涉及的违法行为

财大大公司的商业综合体将排烟系统设置完毕，符合消防技术标准后，得到了市住房和城乡建设局、消防部门的许可后，投入了使用。

由于前期损失较大，财大大公司决定缩减人员来节约开支。开业1年后，当地消防救援大队依法对该公司的商业综合体进行检查，发现该公司的消防安全管理制度不完善，董事长王财大幅缩减消防安全管理经费，大量消防设施由于无人维护而损坏严重，其中火灾自动报警系统、排烟设施、防火门等均受到不同程度的损坏，楼梯间内堆放大量货物，总经理李大为了节约成本人为切断消防水泵电源，并辞退了消防控制室值班人员和消防巡查人员。为了节约租房成本，李大在一楼一间尚未出租的商铺内设置员工宿舍，商场从不进行消防安全培训和演练，公司的消防安全制度形同虚设。

经消防救援大队现场检查，发现财大大公司的商业综合体存在以下消防违法行为：消防设施未保持完好有效；占用疏散楼梯间影响疏散；擅自停用消防设施；消防控制室无人值班；人员住宿场所与经营场所违规在同一建筑内混合设置（"三合一"场所）。消防救援大队责令财大大公司立即建立完善的消防安全管理制度并限期整改所有火灾隐患，并对其违法行为给予了行政处罚。

董事长王财认为火灾是小概率事件，消防部门小题大做，让李大不要花精力在消防隐患整改和消防管理上，集中精力搞经营活动。

之后该商业综合体发生火灾，造成多人伤亡，直接财产损失上千万。经火灾原因调查发现，是员工将电动自行车电池放置在违规设置的住宿场所内充电，导致起火。由于消防控制室既无人值班也没有巡查人员，火灾没有在第一时间被发现，随后迅速蔓延。自动消防设施损坏导致火灾自动报警系统没有启动，建筑内的人并不知道建筑已经起火，耽误了逃生时间。由于消防水泵被停用，自动喷水灭火系统和室内消火栓系统都没有水，耽误了灭火时间。排烟设施损坏导致烟气大量聚集，随后从损坏的防火门向人员聚集区蔓延。该公司员工未经过消防培训和演练，根本不知道如何引导人员疏散，而

且疏散楼梯被占用，使得人员疏散困难，最终导致大量人员伤亡。

该公司董事长王财作为消防安全责任人，总经理李大作为消防安全管理人，都被公安机关控制，最终因犯"消防责任事故罪"锒铛入狱。

案例分析：建筑场所经过消防设计审核、消防验收、营业前消防安全检查后，在投入使用时是符合消防技术标准的。根据《消防法》，财大大公司作为建筑和场所的管理者，应当按照消防安全管理规定建立消防安全管理制度，投入足够的人力、物力、财力，确保建筑防火条件不被擅自改变，消防设施完好，消防控制室有人值班并取得消防设施操作员职业资格，员工具备相应的消防安全素质。

财大大公司董事长王财和总经理李大为了追求利益，罔顾安全，被消防部门查处后，依然我行我素，最终付出惨痛代价。现实中，由于对消防安全的投入不产生直接经济利益，很多企业不重视消防工作，往往存在管理混乱，消防安全隐患突出的情况，有些企业甚至主动违法，最终付出惨痛代价。

相关违法行为及处罚措施：

（1）消防设施、器材或者消防安全标志的配置、设置不符合国家标准、行业标准，或者未保持完好有效的；人员密集场所在门窗上设置影响逃生和灭火救援的障碍物的；对火灾隐患经消防救援机构通知后不及时采取措施消除的。单位有上述行为之一的，由消防救援机构责令改正，处5000元以上5万元以下罚款。

（2）损坏、挪用或者擅自拆除、停用消防设施、器材的；占用、堵塞、封闭疏散通道、安全出口或者有其他妨碍安全疏散行为的；埋压、圈占、遮挡消火栓或者占用防火间距的；占用、堵塞、封闭消防车通道，妨碍消防车通行的。单位有上述行为之一的由消防救援机构责令改正，处5000元以上5万元以下罚款，个人有上述行为之一的，处警告或者500元以下罚款。

（3）机关、团体、企业、事业等单位违反下列消防安全管理规定，由消防救援机构责令限期改正，逾期不改正的，对其直接负责的主管人员和其他直接责任人员依法给予处分或者给予警告处罚：落实消防安全责任制，制定本单位的消防安全制度、消防安全操作规程，制订灭火和应急疏散预案；按照国家标准、行业标准配置消防设施、器材，设置消防安全标志，并定期组织检验、维修，确保完好有效；对建筑消防设施每年至少进行一次全面检测，确保完好有效，检测记录应当完整准确，存档备查；保障疏散通道、安全出口、消防车通道畅通，保证防火防烟分区、防火间距符合消防技术标准；组织防火检查，及时消除火灾隐患；组织进行有针对性的消防演练，等等。消防重点单位还应当履行下列消防安全职责：确定消防安全管理人，组织实施本单位的消防安全管理工作；建立消防档案，确定消防安全重点部位，设置防火标志，实行严格管理；实行每日防火巡查，并建立巡查记录；对职工进行岗前消防安全培训，定期组织消防安全培训和消防演练。另外，同一建筑物由两个以上单位管理或者使用的，应当明确各方的消防安全责任，并确定责任人对共用的疏散通道、安全出口、建筑消防设施和消防车通道进行统一管理。同时，进行电焊、气焊等具有火灾危险作业的人员和自动消防系统的操作人员，必须持证上岗，并遵守消防安全操作规程。

（4）生产、储存、经营易燃易爆危险品的场所与居住场所设置在同一建筑物内，或者未与居住场所保持安全距离的；生产、储存、经营其他物品的场所与居住场所设置在同一建筑物内（"三合一"场所），不符合消防技术标准的，责令停产停业，并处5000元以上5万元以下罚款。

消防小问答：什么是"三合一"场所？这类场所存在什么消防安全隐患？

答："三合一"场所是指人员住宿场所与加工、生产、仓储、经营等场所在同一建筑内混合设置，且住宿与其他使用功能之间未设置有效的防火分隔。这类场所往往常见于小商铺、家庭式作坊等，例如设置夹层的小商铺，下面经营，夹层住人（如图7-1）。

如此设置场所不仅违法，而且由于防火分隔不到位，一旦起火，将无处逃生。"三合一"场所绝对属于火灾高危场所，近年来经常发生"小火亡人"事故。

图7-1 属于"三合一"场所的商铺搭建夹层用于住宿

相关案例： 2023年4月7日，安徽合肥某汽配城一汽修部发生火灾，造成一家4口3人死亡，一人受伤，事故原因为汽车应急启动电源电气线路故障引发火灾。发生火灾的汽修部一层为连通的113号、114号两个商铺，二层共有三个卧室、一个洗手间、一个厨房，这是典型的"三合一"场所。事故现场中，用于上、下楼的钢制楼梯经高温燃烧，踏板燃烧殆尽，仅剩下铁质框架。

三、违反相关消防禁令及发生火灾时不依法履职的违法行为

自从财大大公司发生火灾事故后，该公司由原董事长王财的弟弟王富接手。王富为了让公司起死回生，将原有商业综合体进行重新装修，开设了一家大型酒店，并由王富亲自担任总经理。在王富的努力经营下，酒店业务蒸蒸日上，经营状况良好。

某天，该酒店一楼通向二楼的自动扶梯坏了，王富叫来了酒店维修工胡涂，胡涂检查后告知王富自动扶梯部分结构断裂，需要焊接。王富让胡涂立即处理，胡涂称自己没有特种作业操作证，不能从事电焊作业，况且现在是经营期间，酒店作为公众聚集场所不能在营业期间进行动火作业。

王富为了不耽误经营，让胡涂立即焊接，并给他增加奖金。胡涂推辞不过便开始施工，施工期间高温焊渣掉落，引燃了自动扶梯下方的可燃物。胡涂吓坏了，第一时间逃离了现场。王富发现起火后，立即组织员工扑救火灾，其中一名员工想报警，王富怕吓跑了客人，阻止该员工报警。后来烟气越来越多，客房部的当日值班经理黄强发现后，没有组织人员疏散，独自逃离了酒店。路人报警后，辖区消防队迅速到场扑灭了火灾，没有造成人员伤亡，火灾造成直接财产损失30万元。

为了调查火灾原因，当地消防救援大队依法封闭了火灾现场，王富为了能够尽快恢复营业，在夜间组织人员将火灾现场迅速清理了，给火灾调查人员的现场勘验造成巨大困难。

事后，消防救援大队对王富、胡涂、黄强的违法行为分别进行了查处。王富作为酒店的管理者，指使他人违反消防安全规定，冒险作业；在发生火灾后

阻拦报警；故意破坏火灾现场。胡涂违反规定使用明火作业；自己操作不当引起火灾后（负有报告职责）却不及时报警。黄强作为客房部的值班经理，发生火灾时负有组织人员疏散的义务，却独自逃跑。这3人均被处以行政拘留处罚。

案例分析：王某、胡某2人的违法行为属于违反相关消防禁令，造成灾害并使得灾害存在扩大的可能性。黄某在发生火灾时不依法履行疏散人员的法定义务，属于不作为的违法行为。幸亏消防队及时赶到并将火灾扑灭，没有造成人员伤亡和较大经济损失，否则，这3人的行为均构成重大责任事故罪，彼时他们将面临的就不是行政拘留而是刑事拘留。

为了保证火灾高危场所不发生火灾，《消防法》规定在高危场所需要采取火源管控措施，同时，为了方便灭火救援及火灾调查，要求相关人员不得扰乱现场秩序，相关责任人员在发生火灾时必须依法履行及时报警和疏散人群的法定义务。

相关违法行为及处罚措施：

（1）违反消防安全规定进入生产、储存易燃易爆危险品场所的；违反规定使用明火作业或者在具有火灾、爆炸危险的场所吸烟、使用明火的。个人有上述行为之一的，处警告或者500元以下罚款；情节严重的，处5日以下拘留。

（2）指使或者强令他人违反消防安全规定，冒险作业；过失引起火灾；在火灾发生后阻拦报警，或者负有报告职责的人员不及时报警；扰乱火灾现场秩序，或者拒不执行火灾现场指挥员指挥，影响灭火救援；故意破坏或者伪造火灾现场；擅自拆封或者使用被消防救援机构查封的场所、部位。以上行为尚不构成犯罪的，处10日以上15日以下拘留，可以并处500元以下罚款；情节较轻的，处警告或者500元以下罚款。

（3）人员密集场所发生火灾，该场所的现场工作人员不履行组织、引导在场人员疏散的义务，情节严重，尚不构成犯罪的，处5日以上10日以下拘留。

消防小问答： 消防救援机构可以实施行政拘留吗？

答：行政拘留属于限制人身自由的行政处罚，《消防法》规定的违法行为中有部分涉及行政拘留的处罚，消防救援机构依法受案调查，认为应当予以行政拘留的，应当移送公安机关办理。

四、违反《中华人民共和国治安管理处罚法》与公共消防安全秩序的相关违法行为

违反有关消防技术标准和管理规定生产、储存、运输、销售、使用、销毁易燃易爆危险品的；非法携带易燃易爆危险品进入公共场所或者乘坐公共交通工具的；谎报火警的；阻碍消防车、消防艇执行任务的；阻碍消防救援机构的工作人员依法执行职务的。单位或个人有上述之一的，由公安机关依照《中华人民共和国治安管理处罚法》的规定作出处罚决定。

五、其他违法行为

《消防法》对电器产品、燃气用具的安装使用和线路、管路的设计、敷设、维护保养、检测等；消防产品的生产、销售、使用；消防技术服务机构的执业等相关违法行为作出了规定。这些违法行为专业性较强，这里不再过多介绍。

此外，其他很多与消防相关的法规、规章也对各类消防违法行为和处罚措施作出了规定，建议读者多多了解，增长知识，避免违法。例如《高层民用建筑消防安全管理规定》（应急管理部令第5号）、《社会消防技术服务管理规定》（应急管理部令第7号）、《注册消防工程师管理规定》（公安部令第143号）等。

第七章 我们应该知道的消防法律常识

第三节 如何办理消防行政许可及验收备案

行政许可是指行政机关根据公民、法人或者其他组织的申请，经依法审查，准予其从事特定活动的行为。

前文提到，消防行政许可主要包括特殊建设工程消防设计审查，特殊建设工程消防验收，公众聚集场所投入使用、营业前消防安全检查。消防验收备案主要是指特殊建设工程以外的其他建设工程需要在建设单位验收后报住房和城乡建设主管部门备案，住房和城乡建设主管部门应当进行抽查。建设工程消防设计审查和消防验收以及消防验收备案抽查是由住房和城乡建设主管部门负责。公众聚集场所投入使用、营业前消防安全检查是由消防救援机构负责。

消防小问答：

1. 哪些工程属于特殊建设工程？

答：根据《建设工程消防设计审查验收管理暂行规定》（住房和城乡建设部令第58号）相关规定，具有下列情形之一的建设工程是特殊建设工程。

（1）总建筑面积大于20 000平方米的体育场馆、会堂，公共展览馆、博物馆的展示厅。

（2）总建筑面积大于15 000平方米的民用机场航站楼、客运车站候车室、客运码头候船厅。

（3）总建筑面积大于10 000平方米的宾馆、饭店、商场、市场。

（4）总建筑面积大于2500平方米的影剧院，公共图书馆的阅览室，营业性室内健身、休闲场馆，医院的门诊楼，大学的教学楼、图书馆、食堂，劳动密集型企业的生产加工车间，寺庙、教堂。

（5）总建筑面积大于1000平方米的托儿所、幼儿园的儿童用房，儿童游乐厅等室内儿童活动场所，养老院、福利院，医院、疗养院的病房楼，中小学校的教学楼、图书馆、食堂，学校的集体宿舍，劳动密集型企业的员工集体宿舍。

（6）总建筑面积大于500平方米的歌舞厅、录像厅、放映厅、卡拉OK厅、夜总会、游艺厅、桑拿浴室、网吧、酒吧，具有娱乐功能的餐馆、茶馆、咖啡厅。

（7）国家工程建设消防技术标准规定的一类高层住宅建筑。

（8）城市轨道交通、隧道工程，大型发电、变配电工程。

（9）生产、储存、装卸易燃易爆危险物品的工厂、仓库和专用车站、码头，易燃易爆气体和液体的充装站、供应站、调压站。

（10）国家机关办公楼、电力调度楼、电信楼、邮政楼、防灾指挥调度楼、广播电视楼、档案楼。

（11）设有第1项至第6项所列情形的建设工程。

（12）第10项、第11项规定以外的单体建筑面积大于40 000平方米或者建筑高度超过50米的公共建筑。

2．什么是其他建设工程？

答：其他建设工程，是指特殊建设工程以外的其他按照国家工程建设消防技术标准需要进行消防设计的建设工程。其不包括住宅室内装饰装修、村民自建住宅、救灾和非人员密集场所的临时性建筑的建设活动。

3. 哪些场所属于公众聚会场所？

答：公众聚会场所，是指宾馆、饭店、商场、集贸市场、客运车站候车室、客运码头候船厅、民用机场航站楼、体育场馆、会堂以及公共娱乐场所等。其中，公共娱乐场所包括影剧院、录像厅、礼堂等演出、放映场所；舞厅、卡拉OK厅等歌舞娱乐场所；具有娱乐功能的夜总会、音乐茶座和餐饮场所；游艺、游乐场所；保龄球馆、旱冰场、桑拿浴室等营业性健身、休闲场所。

为了方便读者理解如何办理消防行政许可及验收备案，我们通过举例的方式说明。

案例一： 假如你现在想开一个网吧，已经在当地的商业建筑里面租了一个场所，该场所使用面积为800平方米。

800平方米的网吧属于特殊建设工程，需要进行消防设计审核、验收。 因此你在装修前应当找有相关资质的设计单位对场所进行消防设计，确保设计符合消防技术标准；设计完成后向住房和城乡建设主管部门提供设计文件并申请设计审核；审核通过后你需要找有消防施工资质的施工单位对消防设施进行施工；待所有施工完毕后，需要向住房和城乡建设主管部门申请消防验收；验收通过后，证明你网吧的消防设施已经符合消防技术标准了。

由于**网吧属于公众聚集场所中的游艺、游乐场所，所以还需要向消防部门申请投入使用、营业前消防安全检查。** 消防部门除了要对消防设施进行检查外，还要对场所的消防安全责任及消防安全管理情况进行检查，所以你还需开展以下工作：确定消防安全责任人和消防安全管理人，明确各岗位消防安全职责，建立消防安全责任体系，对员工进行上岗前消防安全培训，制订灭火和应急疏散预案并开展演练，等等。

上述工作完成后，你可以选择向消防部门申请投入使用、营业前消防安全检查，检查合格后就可以开业了。也可以直接向消防部门作出场所符合消防技术标准和管理规定的承诺后直接开业，消防部门会进行核查。但需要注意的是，如果消防部门核查发现场所使用、营业情况与承诺内容不符，会处罚款并责令停止使用。

案例二：你的网吧大获成功，你想开个分店，但是这次看中的场所只有400平方米。

400平方米的网吧属于特殊建设工程以外的其他建设工程，此时不用进行设计审核，但是依然需要请有资质的设计单位进行消防设计，并在向住房和城乡建设主管部门申领施工许可证时提供消防设计图纸和技术资料，此后可以直接进行施工作业了。

在竣工后，你需要向住房和城乡建设主管部门备案，住房和城乡建设主管部门对场所按比例进行抽查。如果抽中，那么就进入消防验收程序，如果没有抽中，抽查程序就履行完毕了。

由于网吧属于公众聚集场所，在投入使用前依然应当向消防部门申请投入使用、营业前消防安全检查。

办理消防行政许可流程如图7-2所示。

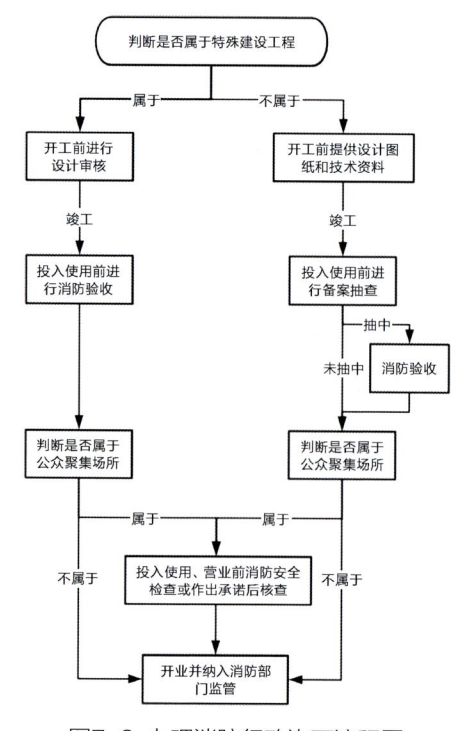

图7-2 办理消防行政许可流程图

第七章 我们应该知道的消防法律常识

消防小问答： 在哪里申请消防相关行政许可及验收备案？

答：一般是在当地行政服务中心对应的窗口进行申请。开通了网上申请通道的地区，可以在网上申请。具体可以电话咨询当地住房和城乡建设主管部门和消防部门。

要注意：各省的办理程序可能略有不同，在提出申请前最好先咨询当地的住房和城乡建设主管部门和消防部门，了解需要提供的材料和办理时限等内容。详情可以参考《建设工程消防设计审查验收管理暂行规定》（住房和城乡建设部令第58号）、《应急管理部关于贯彻实施新修改〈中华人民共和国消防法〉全面实行公众聚集场所投入使用营业前消防安全检查告知承诺管理的通知》（应急〔2021〕34号）。

本章中的所有案例均是笔者为了方便读者理解相关法律规定，参考真实事件后编写的虚拟案例，所有信息均为虚构，不涉及真实个人或机构。